逆数学

定理から公理を「証明」する

著＝ジョン・スティルウェル
監訳・解説＝田中一之
訳＝川辺治之

Reverse Mathematics

Proofs from the Inside Out

森北出版

●本書のサポート情報を当社Webサイトに掲載する場合があります．
下記のURLにアクセスし，サポートの案内をご覧ください．

https://www.morikita.co.jp/support/

●本書の内容に関するご質問は，森北出版 出版部「(書名を明記)」係宛に書面にて，もしくは下記のe-mailアドレスまでお願いします．なお，電話でのご質問には応じかねますので，あらかじめご了承ください．

editor@morikita.co.jp

●本書により得られた情報の使用から生じるいかなる損害についても，当社および本書の著者は責任を負わないものとします．

エレインに

はじめに

本書では，数学基礎論の最近の研究状況について述べる．数学基礎論は，かつてはデデキント，ポアンカレ，ヒルベルトといった著名な数学者が関心をもっていたが，今日では悲しいことになおざりにされている．これがなおざりにされていることは，次のようないろいろな意味で残念である．

- 数学はますます細分化が進んでおり，視点を統一する必要性が急速に増している．
- 基礎づけによって，数学だけでなく，計算機科学や物理学といった数学に近い分野までもが統一される．
- 数理論理学の近年の進展によって，解析学の基礎や数学的「深さ」というとらえどころのない概念が，異なる視点から見直されている．

本書では，**逆数学**の話題に焦点を当てることによって，とくにこの最後の観点に狙いを絞る．

その名前が示すように，逆数学は，証明という考え方に対して，通常とは逆の向きに注目する．与えられた公理の帰結を探し求めるのではなく，与えられた定理を証明するのに必要となる公理を探し求めるのである．これは，少なくとも幾何学の基礎にも見られる古い考え方である．ユークリッドの時代から 19 世紀まで，三平方の定理などの定理を証明するために平行線の公理が必要かどうかは差し迫った問題であった．本書の第 1 章では，逆数学のアイデアの事例研究として，平行線の公理の歴史を振り返る．また，集合論における選択公理についても，同じように歴史を振り返る．

これらの公理はいずれも逆数学のアイデアの実例であるが，今日，逆数学の主題と考えられているものの大部分は，幾何学と集合論の**間**の狭いが重要な領域にある．この領域が実数の理論であり，微積分，解析学，数理物理学のかなりの部分の基礎をなしている．（本書でも簡単に触れるように，逆数学は代数学，組合せ論，トポロジーといった分野にも興味深い貢献をした．）

私たちが今日理解しているような実数は，解析学と幾何学を**算術化**するという 19 世紀の成果から生み出された．有理数の集合から（つまり，最終的には自然数の集合から）実数をつくり上げることによって，実数列や任意の連続関数，さらには解析学の対象のほとんどを自然数の集合によって符号化できるようになる．第 2 章と第 3 章では，解析学の算術化と，解析学の基本的な定理を振り返る．すると，次のように問うことができるようになる．これらの基本的な定理を証明するためには，どんな**公理**があればよいのだろうか．大雑把にいえば，自然数に対する公理の集合（**ペアノの公理系**）+ 適切な**集合存在公理**，というのが，この答えである．

このとき，証明したい定理の強さに応じて，さまざまな**強さ**の集合存在公理が現れる．このうちのもっとも弱い集合存在公理は，**計算**の基礎と密接に関係している．もう少し正確に述べると，その公理が計算可能集合の存在を主張しているのである．さらに，この公理は，解析学と融合する計算の概念の研究とも関係している．なぜなら，計算も解析学も，算術を共通の基礎としているからである．第 4 章では計算可能性を簡単に紹介し，第 5 章では計算可能性の形式的概念とその算術化について展開する．

第 6 章と第 7 章では，解析学，算術，計算理論のアイデアを，RCA_0，WKL_0，ACA_0 として知られる解析学のいくつかの公理系として整理する．これらの公理系は，主として集合存在公理の強さによって区別される．これらの公理系のいずれかを用いることで，解析学の基本的な定理のほとんどが証明できる．さらに驚くべきことに，これらの公理系によって解析学の基本的な定理を 3 階層に分類できる．なぜなら，「基準」となる RCA_0 で証明できない定理の多くは，その定理が証明できる公理系の集合存在公理と**同値**だからである．このため，これらの集合存在公理は「適切な公理」といえる．ここで，「適切な公理」とは，フリードマンの次の言葉にあるような意味である．

> 定理が適切な公理から証明されるというのは，その定理からその公理が証明できるということである [31]．

たとえば，RCA_0 は中間値の定理を証明できることを示す．また，WKL_0 を特徴づける公理はハイネ – ボレルの定理や極値定理を証明するための適切な公理であり，ACA_0 を特徴づける公理はコーシーの収束判定条件やボルツァーノ – ワイエルシュトラスの定理を証明するための適切な公理である.

このように，逆数学においては，実解析の入門編に現れる通常の登場人物と，まったく新しい筋書きの中で出会うことになる.

第 8 章では，解析学，計算理論，論理学を含めた全体像を概観する．この章を読むことで，シンプソンの本 [77] のような逆数学の専門書を読むうえでの準備になればと思っている．本書は，非専門家向けの書籍であり，ある意味では拙著 *Elements of Mathematics: From Euclid to Gödel*〔邦訳：三宅克哉訳『初等数学論考』共立出版，2018〕の続編である．本書では，*Elements of Mathematics* では触れることしかできなかった結果をきちんと説明できる程度に計算可能性理論と論理学を展開する．しかし，本書は *Elements of Mathematics* を前提としてはいない．数学基礎論に関心があれば，学部学生レベルでも，本書で直接逆数学に取り組むことができる．もちろん，数学の専門家がこれまでの数学基礎論についての記憶を呼び戻し，この分野の主題が近年どのように再構成されたかを知りたい場合にも同じことがいえる.

謝辞：逆数学の歴史に関する情報を提供してくれたハーヴェイ・フリードマン，トポロジーに関する見識を示してくれた横山啓太，多くの有益な助言と補正をしてくれた二人の匿名の査読者に感謝する．妻のエレインは，校正においていつものように見事な仕事をしてくれた．そして，プリンストン大学出版局のヴィッキー・ケアーンとそのチームは，本書の製作においてこれまで以上に頼れる丁寧な仕事をしてくれた.

2016 年 11 月 24 日，サンフランシスコ

ジョン・スティルウェル

目 次

第1章
逆数学に至る歴史

Historical Introduction

前置きとなるこの章の目的は，**逆数学**に対して心の準備をすることである．その名が示すように，逆数学は，定理を探すのではなく，すでに知られている定理を証明するための適切な公理を探す．公理が「適切」であることの基準は，論文 [31] では次のように表現されている．

> 定理が適切な公理から証明されるというのは，その定理からその公理が証明できるということである．

逆数学は，数理論理学の専門的な分野として始まった．しかし，その中心となるアイデアは，古代の幾何学や 20 世紀初期の集合論に先例が見られる．

幾何学において，平行線の公理は，三平方の定理など，ユークリッド幾何学の多くの定理を証明するための適切な公理である．このことを理解するには，**基礎理論**となるユークリッドの公理から平行線の公理を分離し，平行線の公理が基礎理論の定理ではないことを示す必要がある．このようなことは，1868 年までなされなかった．一方，平行線の公理と，三平方の定理を含む多くの定理との**同値性**がこの基礎理論から証明できることは，簡単に確かめられる．これがよい基礎理論の証である．すなわち，よい基礎理論では，その基礎理論からどうやっても証明できない定理について，その定理と「適切な公理」が同値であることを証明できるのである．

集合論にはもっと現代的な例がある．たとえば，ZF とよばれる基礎理論，ZF では証明できない定理（整列可能定理），そしてそれを証明する，選択公理とよばれる「適切な公理」である．

これらの例やそれに類するものから，解析学の基礎理論や，解析学のよく知られた定理をいくつか証明できるような「適切な公理」を推測できる．

1.1　ユークリッドと平行線の公理

数学の「適切な公理」を探すことは，紀元前 300 年ごろのユークリッドに始まる．彼が提示したのは，ユークリッド幾何学と今日よばれるものの公理である．ユークリッドの公理は，いまでは不完全であることが知られている．それにもかかわらず，その公理は完璧な体系をおおよそつくり上げた．そして，本当に自明な「基礎的」公理と，非常に重要な定理を示す際には不可欠だが，それほど自明ではない公理が区別されている．この公理に関する歴史的解説については，書籍 [47] を参照のこと．

基礎的公理には，たとえば，相異なる 2 点を通る一意な直線があるというものや，直線の長さには限りがないというものがある．ユークリッドは曖昧にしか表現しなかったが，「2 辺挟角相等」とよばれる**三角形の合同**の条件なども基礎的公理である．「2 辺挟角相等」は，二つの三角形の 2 辺とそれらに挟まれた角が一致すれば，三角形のすべての辺と角は一致するというものである．（同じような条件として，二つの三角形の 2 角とそれらの間にある辺が一致すれば，すべての辺と角が一致するという 2 角挟辺相等もある．）

基礎的公理を用いると，ちょっとした定理をいくつも証明できる．その一例は，三角形 ABC の辺 AB と辺 AC が等しいならば，角 B と角 C は等しいという

図 1.1　三平方の定理

二等辺三角形の定理である．しかしながら，基礎的公理では，図 1.1 に示したような，ユークリッド幾何学の象徴的な定理である**三平方の定理**は証明できない．

誰でも知っているように，この定理は，灰色の正方形の面積が黒い正方形の面積の和になるというものである．しかし，基礎理論では正方形が存在することすら証明できない．ユークリッドが気づいたように，三平方の定理を証明するためには，無限についての公理，すなわち**平行線の公理**が必要になる．

平行線の公理

平行線の公理を無限についての公理とよぶ理由は，それが**どこまで延長しても**交わることのない直線についての公理だからである．また，ユークリッドの基礎的公理の一つとして，直線はいくらでも延長できるというものがある．したがって，無限の先まで見る能力がなければ，平行であることを「見る」ことができない．そして，ユークリッドはそのような超人間的な力を仮定することは避け，その代わりに，直線が平行では**ない**条件を与えた．なぜなら，直線が交わるかどうかは，有限の範囲で「見る」ことができるからである．

平行線の公理　直線 n が直線 l および m と交わり（図 1.2），それぞれ角 α および β をなすとき，$\alpha+\beta$ が 2 直角より小さければ，n の α と β がある側で l と m は交わる．

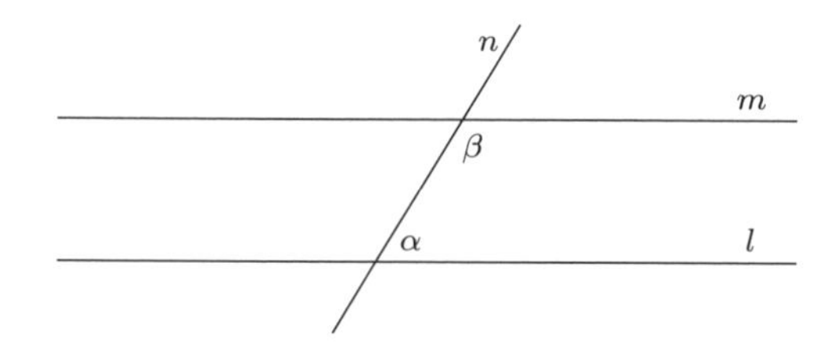

図 1.2　平行線の公理に関係する角度

このことから，$\alpha+\beta$ が 2 直角（すなわち 180 度）に等しいならば，l と m は**交わらない**ことが導かれる．なぜなら，いずれかの側で（三角形を構成して）l と m が交わるならば，両側に α と β があり 1 辺を共有するので，（2 角挟辺

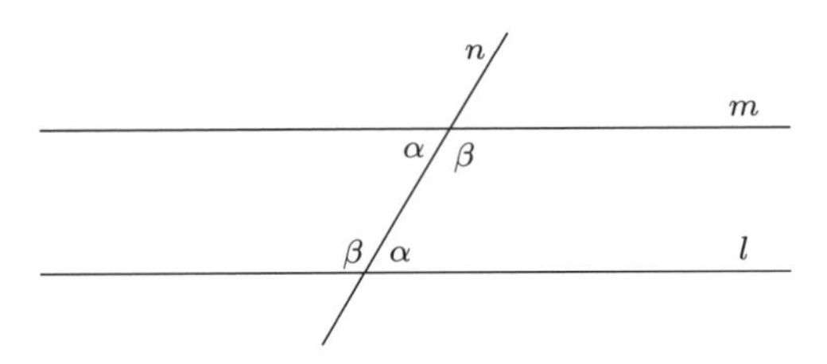

図 1.3 平行線の公理

相等によって合同な三角形を構成して）もう一方の側でも交われなければならないからである（図 1.3）．これは，任意の 2 点を通る直線の一意性と矛盾する．

非平行線に関するユークリッドの公理は，平行線が存在することを暗に意味している．平行線を用いて図 1.4 のように作図すると，三角形の内角の和が 180 度（本書ではこれ以降，場合によっては 180 度を π と書く）であることがただちに得られる．このことから，等しい辺に挟まれた角が $\pi/2$ であるような二等辺三角形の残りの角は $\pi/4$ であることがわかり，したがってそのような三角形を二つ合わせると正方形になることもわかる．

ここまで準備すると，三平方の定理の証明に着手できる．三平方の定理を証明する方法は数多くあるが，おそらくもっとも簡単に「見る」ことができる証

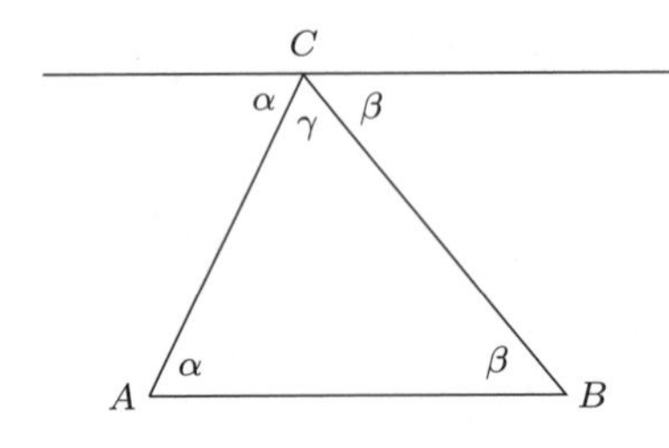

図 1.4 三角形の内角の和

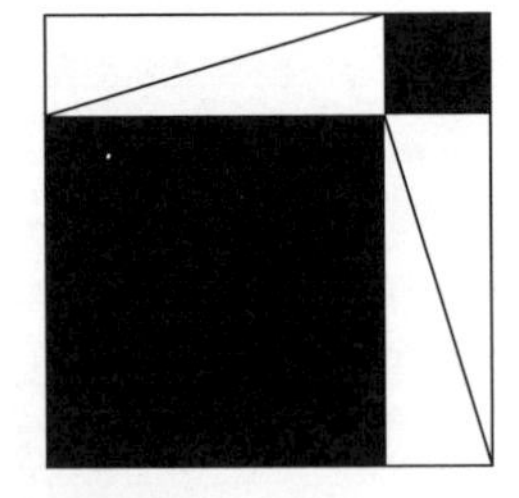

図 1.5 三平方の定理を見る

明を図 1.5 に示した．この図では，灰色の正方形と二つの黒い正方形の面積は，いずれも外側の大きな正方形から 4 個の直角三角形を除いたものに等しい．

平行線の公理と同値な定理

多くの数学者は，平行線の公理をユークリッドの体系の「欠陥」だと考えた．（正確には，こう指摘したのはサッケリである [72]．）そして，彼らは平行線の公理が基礎的公理から導かれることを示そうとした．そのような試みの大半では，単純な問題に帰着されることを期待して，平行線の公理をもっと自明に見える主張から演繹しようとしていた．平行線の公理を含意している主張には，次のものがある．

- 長方形の存在（アル・ハイサム，アル・ツシ，中世期）
- 異なる大きさの相似な三角形の存在（ウォリス，1693）
- 三角形の内角の和は π に等しい（ルジャンドルの *Éléments de géométrie*, 1823）
- 共線でない 3 点は円周上にある（ファルカシュ・ボリアイ，1832 ほか [5]）

これらの主張は，すべて平行線の公理から導かれる定理である．したがって，これらの強さは平行線の公理と同値である．すなわち，平行線の公理との同値性が基礎的公理だけから証明できる．もちろん，平行線の公理そのものが基礎的公理から証明可能ならば，この同値な強さという概念は自明なものになる．しかし，1830 年までにそのような証明は存在しないことが明らかになった．ファルカシュ・ボリアイの実の息子ヤノシ・ボリアイは，ユークリッドの基礎的公理は真だが，平行線の公理は（したがって，前述の 4 個の定理も）**偽**とする仮説に基づいた**非**ユークリッド幾何学の中心的な研究者の一人であった．

ここで，非ユークリッド幾何学を見る前に，球面幾何学を見ておいたほうがよいだろう．平行線だけでなく，無限に伸びる直線もない球面幾何学は，あきらかに平面上のユークリッド幾何学とは異なる．しかし一方で，「点」，「直線」，「角」という共通の用語を使っている．このような用語の相異なる二つの解釈を知ることによって，また別の解釈である非ユークリッド幾何学の**モデル**も理解しやすくなるだろう．

1.2　球面幾何学と非ユークリッド幾何学

平面上の円や直線が2次元ユークリッド幾何学の一部であるように，球面と平面は**3次元**ユークリッド幾何学の一部である．球面と平面は，ユークリッドの『原論』第XI巻で述べられているものの，深くは研究されていない．一方，古代ギリシア人は，天文学の研究の一部として，球面幾何学，とくに球面三角法を本格的に研究した．これは，地球から見た星が天球上に位置づけられるためである．のちに，地球上を航海する者も球面幾何学に関心を抱いた．彼らにとっての自然な「直線」の概念は**大円**，すなわち，球とその中心を通る平面との交わりであった．なぜなら，大円は任意の2点間の最短距離を与えるからである．対応する2平面の角度（あるいは，同じことであるが，大円の接線の間の角度）によって，このような2「直線」にも「角度」という概念が与えられる．

実際には，球面三角形は，その辺の長さよりも角度によって記述するほうが簡単であることが多い．同じ角度をもつ球面三角形は，実際にはすべて同じ大きさである．なぜなら，**球面三角形の内角の和から π を引いた値はその面積に比例する**という，ハリオット[†1]が1603年に発見した有名な定理があるからである．球面を合同な三角形で敷き詰める方法は何通りかある．図1.6に，それぞれの角度が $\pi/2$, $\pi/3$, $\pi/4$ である三角形48個で球面を分割した例を示す．すべての三角形が見やすいように，三角形を1個おきに切り取り，球面の内側か

図1.6　三角形による球面の敷き詰め

[†1]　トーマス・ハリオットは，ウォルター・ライリー卿の数学顧問であり，ライリー卿の航海に何度か同行した．

ら光を当てている．このとき，球面幾何学の標準モデルは次のとおりである．「点」は球面上の通常の点，「直線」は大円，「角度」は二つの大円が交わる点での大円の接線のなす角度である．「距離」は，球面上の 2 点を結ぶ大円の（短いほうの）弧に沿って測った距離である．

それでは，**球面を平面上に射影する**ことによって，別のモデルに移ってみよう．具体的には，球面（の北極点）の内側にある光源を使って，影を平面に投影する．その結果を図 1.7 に示した．この図は，**極射影**として知られる北極点からの射影について，特筆すべき二つの特徴を示している．

- 円は円に写される．（例外的に，直線に写されることもある．その場合，その直線は「半径無限大の円」だと考える．）
- 角度が保たれる．

したがって，「点」は点のまま，「直線」は円のまま，「角度」は円の接線の間の角度である．残念ながら，「距離」はユークリッド距離にはならない．なぜなら，球面上で等しい距離であっても，平面上ではユークリッド距離が等しくならないからである．同様にして，「面積」はユークリッド幾何における面積にはならない．しかし，角度の和から π を引くことで，簡単に面積を測ることができる．

厳密にいえば，球面全体を平面上に射影しているのではなく，球面から北極点（光源）を除いた部分を射影している．これを修正するために，平面に**無限**

図 1.7　球面の平面上への射影

遠点を加える．球面上の点が北極点に近づくにつれて，その点の影は無限遠点に近づく．それぞれの直線は，無限遠点によって閉じた曲線になるので，直線もまた円に写される．このように，球面幾何学は，すべての「直線」を円とし，「角度」を円どうしの角度としてモデル化したものとも解釈できる．つぎは，非ユークリッド幾何学に対する同様のモデルを見てみよう．

非ユークリッド幾何学のモデル

ベルトラミは，非ユークリッド幾何学のモデルをいくつか発見した[3]．その幾何学は，ユークリッドの基礎的公理に，**任意の直線 l とその上にない点 P に対して，P を通り l と交わらない直線 m が 2 本以上ある**という非ユークリッド幾何学の平行線の公理を追加したものである．もっとも簡単に全体を見ることのできるベルトラミのモデルを，図 1.8 に示した．

図 1.8　ベルトラミの等角円板モデル

このモデルでは，「点」は円板の内部の点，「直線」は円板の外周円に直交する円弧（円板の中心を通る線分は，半径無限大の円弧とみなす），「角度」は円弧どうしの角度である．球面幾何学と同じように，三角形は角度が等しければ合同なので，この図の円板は，角度がそれぞれ $\pi/2, \pi/3, \pi/7$ であるような，無限個の合同な三角形で敷き詰められていることになる．ここで用いられた三角形は，非ユークリッド平面を敷き詰めることのできる最小の三角形であり，その三角形の面積は，球面幾何学と同じように，その内角の和によって決まる．すなわち，**非ユークリッド三角形の内角の和を π から引いた値は，その面積に比**

例する.

球面幾何学の平面モデルと同じように,「距離」の正確な定義は込み入っている. しかし, このモデルの場合, 非ユークリッド幾何としては同じ大きさの三角形が数多くあるので, 距離の感触はつかみやすい. たとえば, それぞれの「直線」に沿って無限に多くの三角形があるので, それぞれの「直線」は無限の「長さ」をもつことがわかる. それぞれの「直線」が円板上の任意の 2 点間の最小「距離」になることも, 比較的受け入れやすい. なぜなら, 円板の境界に垂直な円弧上を進むと, ほかのどの経路よりも三角形の数が少ないからである. このようにして, このモデルがユークリッドの基礎的公理を満たすが, 平行線の公理はあきらかに**満たさない**ことがわかる. 図 1.9 から明らかなように, 円板の中心を通る鉛直な「直線」l と, たとえば, その右側のどこかに点 P をとると, P を通り l とは交わらない 2 本の異なる「直線」m と n がある.

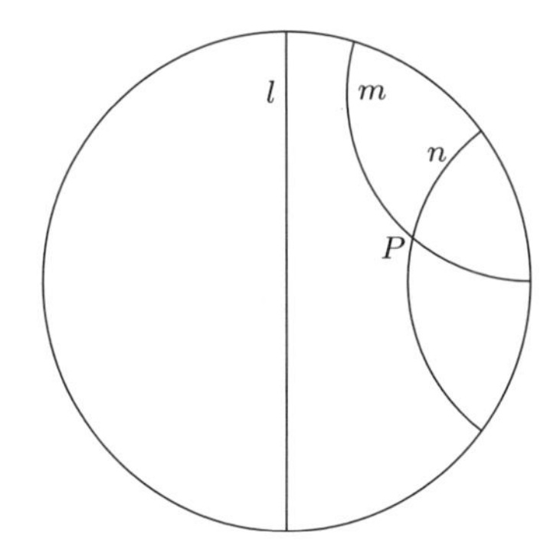

図 1.9　平行線の公理は成り立たない

したがって, ベルトラミの構成法を詳しく調べると, **ユークリッドの基礎的公理のモデルであり, 平行線の公理の反例を付け加えたモデル**であることがわかる. それゆえ, **平行線の公理はユークリッドの基礎的公理から導かれない**. そしてその結果,(前節で述べた 4 個の定理のような)平行線の公理と同値な定理も, 同じようにユークリッドの基礎的公理からは導かれない. しかしながら, これらの定理と平行線の公理の同値性は, ユークリッドの基礎的公理から証明可能である. これは, 逆数学に現れる典型的な状況である. つまり, ある望ましい定理を証明するには弱すぎるが, それらの間の**同値性**を証明できる程度には十分強い**基礎理論**が得られたのである.

幾何学と数学の新たな基礎

非ユークリッド幾何学の発見は，数学の基礎を揺るがした．なぜなら，19 世紀になるまでの数学の基礎は，実質的にユークリッドが提唱した「直線」や「平面」の概念に基づいていたからである.「直線」や「平面」の意味について疑念が生まれたことで，非ユークリッド幾何学は，**算術**による新たな基礎づけを探すことを求められた．数の基本的な性質であれば，疑う余地はないと思われていたのである.

とくに,「直線」は代数的性質と幾何学的性質を合わせもつ**実数**の体系 $\mathbb{R}$ として再構成された．このあとのいくつかの節では，実数の概念に基づいた，あるいは影響を受けた幾何学について述べる．実数がどのようにして解析学の基礎にもなったかは，第 2 章で確認する.

1.3 ベクトル幾何学

ギリシア人以降の幾何学を最初に大きく進展させたのは，1620 年代のフェルマーとデカルトであり，デカルトはその成果を『幾何学』[24] として発表した．彼らが革新的だったのは，幾何学において代数学を使うこと，すなわち，直線や曲線を方程式によって記述し，幾何学の多くの問題を機械的な計算に帰着させたという点である．幾何学をそのように「代数化」できるようになる前に幾何学を**算術化**する必要はあったが，結果としてその代数化が，彼らをユークリッドをはるかに超えたところへと導く一歩であった．実際，この一歩をきっかけとして，19 世紀に起こった幾何学と解析学の全面的な算術化が始まったのである.

いまでは数学を学ぶ学生は誰もが知っているように，ユークリッド平面は，それぞれの点 P に対して実数**座標** x と y を割り当てることによって算術化されている．その数 x と y は，ユークリッド平面上では，それぞれ原点 O から P までの水平および鉛直距離として表される．この場合，三平方の定理によって，O から P までの距離 $|OP|$ は $\sqrt{x^2+y^2}$ になる（図 1.10)．しかし，P を

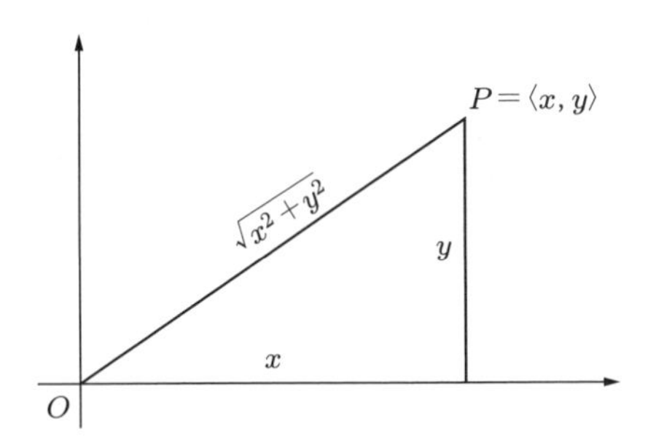

図 1.10　平面に座標を導入する

順序対 $\langle x, y\rangle$ と**定義**[†2]し，O からの距離を $\sqrt{x^2+y^2}$ と定義することもできる．より一般に，$P_1 = \langle x_1, y_1\rangle$ から $P_2 = \langle x_2, y_2\rangle$ までの距離は，次のように定義される．

$$|P_1P_2| = \sqrt{(x_2-x_1)^2+(y_2-y_1)^2}$$

$ax+by+c=0$ という形式の方程式を満たす点たち $\langle x, y\rangle$ は**直線**上にある．（これがこの方程式を**線形**とよぶ理由である．）また，円の方程式は，1 点から一定の距離にあることを表す 2 次方程式である．たとえば，O から距離 1 にある点は，方程式 $x^2+y^2=1$ を満たす．

任意の多項式による方程式を満たす曲線の研究では，障害となるのは代数的な難しさだけなので，ユークリッド幾何学のあらゆる対象だけでなく，**それ以外の曲線**も簡単に代数的な対象に移すことができる．したがって，ユークリッド幾何学と代数幾何学は完全には合致しない．ユークリッド幾何学は，「もっと線形」な対象だけに限定されるべきである．

グラスマンの線形幾何学

ユークリッド幾何学に代数的に完全に合致するものは，1840 年代にグラスマンが発見した**実ベクトル空間**という概念である．論文 [39] と [40] は，実ベクトル空間に関するグラスマンの最初の成果である．グラスマンの考え方は，はじめはほかの数学者には受け入れられなかったが，ペアノが実ベクトル空間に対

[†2] 本書では，a と b の順序対を表記するのに $\langle a, b\rangle$ を用いる．これは，a と b の間の開区間を表す (a, b) と区別するためである．

する公理を与えてから勢力を伸ばし始めた[59].

定義 実ベクトル空間は,(太字で表記される)**ベクトル**とよばれる対象の集合 V であり,V には**ゼロベクトル**とよばれるベクトル $\mathbf{0}$ と,それぞれの $\boldsymbol{u} \in V$ に対して $\boldsymbol{u}$ の**逆ベクトル**とよばれるベクトル $-\boldsymbol{u}$ が含まれる. V は,演算として**加法**と($a, b \in \mathbb{R}$ による)**スカラー倍**をもち,次の条件を満たす.

$$\boldsymbol{u} + \boldsymbol{v} = \boldsymbol{v} + \boldsymbol{u}$$

$$\boldsymbol{u} + (\boldsymbol{v} + \boldsymbol{w}) = (\boldsymbol{u} + \boldsymbol{v}) + \boldsymbol{w}$$

$$\boldsymbol{u} + \mathbf{0} = \boldsymbol{u}$$

$$\boldsymbol{u} + (-\boldsymbol{u}) = \mathbf{0}$$

$$1\boldsymbol{u} = \boldsymbol{u}$$

$$a(\boldsymbol{u} + \boldsymbol{v}) = a\boldsymbol{u} + a\boldsymbol{v}$$

$$(a + b)\boldsymbol{u} = a\boldsymbol{u} + b\boldsymbol{u}$$

$$a(b\boldsymbol{u}) = (ab)\boldsymbol{u}$$

$V = \mathbb{R}^n = \{\langle x_1, \ldots, x_n \rangle \mid x_1, \ldots, x_n\}$ は,$\mathbf{0}$ を原点,$+$ を n 個組の通常の足し算,$a \in \mathbb{R}$ によるスカラー倍を

$$a\langle x_1, \ldots, x_n \rangle = \langle ax_1, \ldots, ax_n \rangle$$

と定義すると,典型的なベクトル空間になる.このベクトル空間は,**$\boldsymbol{n}$ 次元実アフィン空間**とよばれる.この空間には距離や角度の概念がないので,まだユークリッド空間ではない.しかし,幾何学的な構造はかなり含まれている.$\mathbb{R}^n$ には,平行線を含めた直線もあるし,「与えられた方向の長さ」という概念もある.たとえば,$(1/2)\boldsymbol{v} \in \mathbb{R}^n$ は $\mathbf{0}$ から $\boldsymbol{v}$ に引いた線分の**中点**である.一般に,$a\boldsymbol{v}$ は $\boldsymbol{v}$ の a 倍だけ $\mathbf{0}$ から離れているということができる.ほかにも,ベクトル幾何学で定義できる概念として**重心**がある.とくに,頂点が $\boldsymbol{u}, \boldsymbol{v}, \boldsymbol{w}$ である三角形の重心は,点 $(1/3)(\boldsymbol{u} + \boldsymbol{v} + \boldsymbol{w})$ である.

ベクトル幾何学にベクトル $\boldsymbol{u}$ と $\boldsymbol{v}$ の**内積**という概念を加えると,ユークリッ

ド幾何学になる．ここで，内積は $\boldsymbol{u}\cdot\boldsymbol{v}$ と表記する．

定義　$\boldsymbol{u}=\langle u_1,\ldots,u_n\rangle$, $\boldsymbol{v}=\langle v_1,\ldots,v_n\rangle$ とするとき，

$$\boldsymbol{u}\cdot\boldsymbol{v}=u_1v_1+\cdots+u_nv_n$$

である．

とくに，$\mathbb{R}^2$ において，

$$\boldsymbol{u}\cdot\boldsymbol{u}=u_1^2+u_2^2$$

となるので，ユークリッド空間における $\boldsymbol{u}$ の長さ $|\boldsymbol{u}|$ は，$|\boldsymbol{u}|=\sqrt{\boldsymbol{u}\cdot\boldsymbol{u}}$ で与えられる．グラスマンが指摘したように，内積の定義から，三平方の定理が真になることがただちにわかる [40]．

ユークリッド空間の角度の概念も，内積から導出される．θ を，$\mathbf{0}$ から $\boldsymbol{u}$ と $\boldsymbol{v}$ それぞれへの直線の間の角度とすると，

$$\boldsymbol{u}\cdot\boldsymbol{v}=|\boldsymbol{u}||\boldsymbol{v}|\cos\theta$$

が成り立つからである．このように，グラスマンは「基礎理論」に三平方の定理を導出する「適切な公理」を加えることで，ユークリッド幾何学を記述する別の方法を発見した [40]．興味深いことに，グラスマンの基礎理論（ベクトル空間の公理）に別の公理を追加すると，**非**ユークリッド幾何学へと拡張することもできる．

ベクトル空間を非ユークリッド幾何学にする

グラスマンが導入した内積という概念のカギとなるのは，**正定値**という性質である．これは，$\boldsymbol{u}\neq\mathbf{0}$ ならば $|\boldsymbol{u}|^2=\boldsymbol{u}\cdot\boldsymbol{u}>0$ という性質で，したがって，すべてのゼロでないベクトルは正の長さをもつ．一方，アインシュタインの特殊相対性理論は，ミンコフスキーが時空ベクトル $\langle t,x,y,z\rangle$ の空間 $\mathbb{R}^4$ に**非**正定値の内積を導入するきっかけとなった [56]．その内積を具体的に書くと，

$$\langle t_1,x_1,y_1,z_1\rangle\cdot\langle t_2,x_2,y_2,z_2\rangle=-t_1t_2+x_1x_2+y_1y_2+z_1z_2$$

となる．$\boldsymbol{u}=\langle t,x,y,z\rangle$ の「長さ」$|\boldsymbol{u}|$ は，ミンコフスキーの内積によって次の

式で与えられる.

$$|\boldsymbol{u}|^2 = -t^2 + x^2 + y^2 + z^2$$

この式をゼロや負にするベクトルがたくさんあることは明らかである. この「長さ」がもっと目に見えるように, 対応する空間 $\mathbb{R}^3$ のベクトル $\boldsymbol{u} = \langle t, x, y \rangle$ の長さを次のように考える.

$$|\boldsymbol{u}|^2 = -t^2 + x^2 + y^2$$

これにより, $\mathbb{R}^3$ において, 次の式を満たすベクトル $\boldsymbol{u} = \langle t, x, y \rangle$ から構成される「O を中心とする半径 $\sqrt{-1}$ の球面[†3]」が得られたことになる.

$$-t^2 + x^2 + y^2 = -1$$

一方, $\mathbb{R}^3$ におけるこの曲面は**双曲面** $x^2 + y^2 - t^2 = 1$ である.

双曲面上のミンコフスキー距離によって非ユークリッド幾何学が得られることがわかった. こうして得られた幾何学は, 前節のベルトラミのモデルから得

図 1.11　非ユークリッド幾何学の双曲面モデル

[†3] 驚くべきことに, 1766 年にランベルトは, 三角形の内角の和が π よりも小さく, 三角形の面積が π からその内角の和を引いた値に比例するような, 虚数半径をもつ球面の幾何学があるかもしれないと予想している [54]. 実際にこれが正しいことは, ベルトラミの非ユークリッド幾何学で確認できる.

られる幾何学と同じである．図 1.11 は，ベルリン自由大学のコンラッド・ポルシヤーが描いた図をもとに作図したもので，この二つのモデルの関係を示している．円板状の三角形の敷き詰めは，双曲面上の合同な三角形の敷き詰めに射影される．ただし，合同条件にはミンコフスキー距離を用いる．

1.4 ヒルベルトの公理

ユークリッドの『原論』は，古代から生き延びてきた最初の体系的な数学の資料である．『原論』は，公理から定理を演繹するという流儀で幾何学を展開していることでもっともよく知られた書籍である．その流儀は，19 世紀までの数学において標準的であった．その後，非ユークリッド幾何学の発見によって，ユークリッド幾何学は詳しく調べられることになり，19 世紀末にはユークリッドの公理にいくつかの欠陥があることがわかった．このことで，公理化への動きはさらに加速することになる．ユークリッドの公理の問題点については，ヒルベルトが解決し [48]，その一方で，デデキント，ペアノをはじめとする人々によって，数論や代数を公理的に扱う方法が発見された．

ユークリッドは『原論』において，数を演繹的に扱う方法も示していた．しかし，ギリシア人によって無理数が発見されてしまったことで，その方法は複雑になってしまう．彼らの発見によって，（単位正方形の対角線 $\sqrt{2}$ のような）幾何学的量の中には，数として認められないものも出てきてしまったのである．デデキントによる無理数に関する本 [23] が発刊されるまで，無理数になる量は，整数や有理数と同じ土俵で扱うことができなかった．デデキントは，ユークリッドが正しい方向に進んでおり，彼の数の理論に無理数となる量の理論を付け加えるには，有理数の**無限集合**（1.5 節を参照）を受け入れるだけでよいことを発見した．

『原論』を構成する二つの主要な要素は，幾何学と実数である．この二つは，ヒルベルトの『幾何学の基礎』[48] において一つの体系として扱われた．その中でヒルベルトは，ユークリッドが体系化した幾何学の公理にある問題を解決しただけでなく，実数の体系 $\mathbb{R}$ の幾何学的な取り扱いを完成させる二つの公理を導入している．ヒルベルトの導入した方法は，歴史的な業績として評価されたが，すべての目的に合うものではなかった．実際，有理数を経由して実数を**算**

術化する方法のほうが，結果としては解析学にとって役立つことが証明されている．これについては，第 2 章でもう一度取り上げることにしよう．

ヒルベルトは，ユークリッド幾何学と実数の算術化が，このあとで述べる 17 個の公理から導かれることを示した [48]．これらの公理は，ある二つの公理を除いて，すべて純粋に幾何学的である．その例外となる二つの公理は，いかなる線分もほかの線分と比べて「無限に大きく」はないという**アルキメデスの公理**と，直線上の点に「隙間」はないという**完備性の公理**である．（定規とコンパスで作図可能な点だけを考えていたユークリッドには，この二つの公理は必要なかった．）この二つの公理は，これらを満たす任意の直線が実質的に実数直線 $\mathbb{R}$ になることを証明するためのものである．このことから，これらの公理を満たす任意の平面はデカルト平面とみなせ，したがって，ユークリッド幾何学には実数の対の平面というただ一つのモデルしかないことが導かれる．

幾何学的視点と算術的視点がこのように非常にうまく統合できたのは，ヒルベルトが体系化した幾何学の公理が，ユークリッドが体系化した幾何学の定理だけでなく，ユークリッドが予見していなかった**代数**をもつくり出したからである．実際，ヒルベルトが導入した次の公理**群**には，それぞれ対応する代数的構造が存在する．

結合の公理　これらは直線と点に関する公理である．2 点は直線を決定するというユークリッドの公理や，任意の直線 l と点 $P \notin l$ に対して P を通り l と交わらない直線 m がちょうど 1 本だけあるという平行線の公理の別の形式を含む．また，（ユークリッドは言及していないが）それぞれの直線は少なくとも 2 点を含むという公理や，その直線上にない点が存在するという公理もある．

順序の公理　この公理の最初の三つは，直線上の 3 点の順序について自明なことを述べている．それぞれの公理は，B が A と C の間にあるならば B は C と A の間にある，任意の A と C の間には点 B がある，任意の 3 点に対してそのうちの 1 点は残りの 2 点の間にある，と主張する．4 番目の公理は**パシェの公理**とよばれるもので，平面についての公理である．この公理は，三角形の 1 辺の内部の点で交わる直線が，三角形のほかの 2 辺のうちのちょうど 1 辺だけと交わると主張する．

合同の公理　この公理の最初の五つは，線分や角度の相等についての公理と，線分の足し算についての公理である．これらの公理は，与えられた位置にあり与えられた線分に等しい長さの線分や，与えられた位置にあり与えられた角に等しい大きさの角の存在や一意性を主張する．また，（ユークリッドが公理に加えたように）「同じものに等しいものは互いに等しい」ことも主張している．最後の合同公理は，三角形の合同に対する 2 辺挟角相等の条件である．

円の交点の公理　二つの円において，一方がもう一方の内部の点および外部の点をともに含むならば，それら二つの円は交わる．（ユークリッドは，彼が発見した最初の命題である二等辺三角形の作図においてこのことを仮定していたが，公理にはしなかった．）半径 r の円の「内部」にある点は，その円の中心からの距離が r より短いことに注意せよ．

アルキメデスの公理　長さがゼロでない任意の線分 AB と CD に対して，ある自然数 n が存在して，AB の複製を n 個つなぎ合わせて CD よりも長くできる．

完備性の公理　直線 l の点を，二つの空でない部分集合 $\mathcal{A}$ と $\mathcal{B}$ で，$\mathcal{A}$ のどの点も $\mathcal{B}$ の 2 点の間になく，$\mathcal{B}$ のどの点も $\mathcal{A}$ の 2 点の間にないように分割したと仮定する．このとき，$\mathcal{A}$ または $\mathcal{B}$ に属する点 P で，$\mathcal{A}$ に属する P でない任意の点と，$\mathcal{B}$ に属する P でない任意の点の間にあるようなものが一意に存在する．（すなわち，$\mathcal{A}$ と $\mathcal{B}$ の間に「隙間」はない．）

これらの公理を用いると，ある定理が平行線の公理と**同値**だという主張に正確な意味を与えることができる．それは，ヒルベルトの公理から平行線の公理を**除いた基礎理論**で，平行線の公理とその公理の同値性が証明可能だということである．（1.1節で述べたような）平行線の公理と同値だと考えてきた定理はいずれも，この意味で同値である．1.2節の終わりあたりで述べたように，弱い体系において同値性を証明することは，**逆数学**ならではの特徴である．この章の以降の節では，さらにいくつかの歴史的な例を示す．今日，解析学の体系においてはこの考え方がかなり進展しているため，第6章と第7章ではそれらの主要な結果をいくつか示すことにする．

ヒルベルトの公理の代数的意味

結合公理から，図1.12と図1.13に示した作図法を用いて，直線上の点の和と積が定義できる．

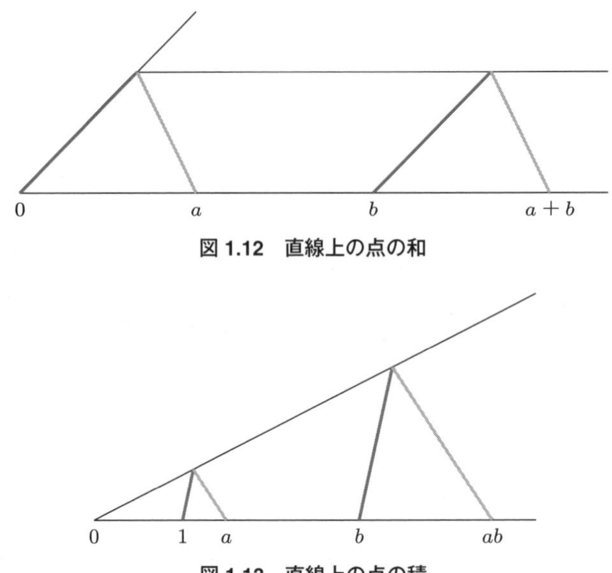

図1.12　直線上の点の和

図1.13　直線上の点の積

和の作図法では，直線上の点0を選び，任意の点 a と b に対して，図に示した平行線を用いて点 $a+b$ を作図する．実際には，この平行線によって点 b が0と a の距離だけ「平行移動」している．

積の作図法では，直線上の点1（「長さの単位」）も必要になる．そして，平行線をいくつか使って，0 から b までの距離を 0 から a までの距離だけ「拡大」して，点 ab をつくり出す．

合同公理を用いれば，先ほど定義した和と積の演算が，次のような代数的性質をもつことを証明できる．これらの性質は**体の性質**である．（これらをもって体の**公理**とすることもある．）

$$a + b = b + a, \quad a \cdot b = b \cdot a \qquad \text{(可換則)}$$

$$a + (b + c) = (a + b) + c, \quad a \cdot (b \cdot c) = (a \cdot b) \cdot c \qquad \text{(結合則)}$$

$$a + 0 = a, \quad a \cdot 1 = a \qquad \text{(単位元)}$$

$$a + (-a) = 0, \quad a \cdot a^{-1} = 1 \; (\text{ただし } a \neq 0) \qquad \text{(逆元)}$$

$$a \cdot (b + c) = a \cdot b + a \cdot c \qquad \text{(分配則)}$$

体の性質は合同公理を使って導くのがもっとも簡単ではあるが，実は**パッポスの定理**とよばれる純粋な結合公理とほかの公理を使うことでも導ける[†4]．このように，体の代数的構造は，ユークリッドがほぼ完全に見落としていた公理，すなわち，点と直線がどのように交わるかを記述する結合公理から生み出せる．

順序公理は，直線上の任意の点 a, b, c に対して，次の性質をもつような順序 $\leq$ を与える．

- $a \leq a$
- $a \neq b$ ならば，$a < b$ か $b < a$ のいずれかである．一方が成り立つが，両方が成り立つことはない．
- $a \leq b$ かつ $b \leq c$ ならば，$a \leq c$

この順序関係と体の性質を組み合わせることで，**順序体**をつくることができる．順序体が満たす性質は，前述の体の性質のほかに次のものがある．

- $a \leq b$ ならば，$a + c \leq b + c$
- $0 \leq a$ かつ $0 \leq b$ ならば，$0 \leq ab$

[†4]　ちなみに，体の性質は**射影幾何学**でも証明できる．射影幾何学の公理は結合公理だけであり，平行線の公理は「任意の 2 直線は 1 点で交わる」という公理で置き換えられる．2 直線が「無限遠直線」とよばれる直線上で交わるときに「平行」とよぶことにすると，射影幾何でも前述の作図法を用いることができる．

最後に，アルキメデスの公理と完備性の公理について説明しよう．これらの公理は，順序関係が**アルキメデス的**かつ**完備**であると主張している．**完備なアルキメデス的順序体は実数体 $\mathbb{R}$ と同型であること**が証明できる．この証明のアイデアは，アルキメデス的順序体 $\mathbb{F}$ が与えられたとき，次のようにして段階的に $\mathbb{F}$ の内部に $\mathbb{R}$ の複製をつくるというものである．（デデキントの切断による実数の構成法にまだなじみのない読者は，これらのステップの正当性はとりあえず信じることにして，第2章を読んだときに確認するのでもよい．）

1. $\mathbb{F}$ の $+$ 演算を用いて，次のように要素 $1 \in \mathbb{F}$ から $\mathbb{F}$ の「正整数」をつくる．

$$1, \quad 1+1, \quad 1+1+1, \quad 1+1+1+1, \quad \ldots$$

2. 0と $-$ 演算を用いて，$\mathbb{F}$ の「整数」をつくる．
3. 逆元と積演算を用いて，$\mathbb{F}$ の「有理数」をつくる．
4. $\mathbb{F}$ の順序と完備性を用いて，$\mathbb{F}$ の「有理数」によるデデキント切断として，$\mathbb{F}$ の「実数」をつくる．
5. $\mathbb{F}$ の要素はすべて $\mathbb{F}$ の「実数」であり，$\mathbb{F}$ の「実数」が実際の実数と同じ性質をもつことを確認する．

この証明は，任意の完備なアルキメデス的順序体が実質的に $\mathbb{R}$ と「同じ」であり，したがって，ヒルベルトの幾何学におけるすべての直線は，実質的に実数直線であることを示している．さて，$\mathbb{R}$ をさらに深く理解するにはどのようにすればよいだろうか．

1.5　整列順序と選択公理

『原論』第V巻において，ユークリッドは，幾何学的直線およびその直線と有理数との関係を，非常に洗練された形で扱っていた．ユークリッドは，無理数が数**である**とは主張せず，それぞれの無理数の点が有理数によっていくらでも近似できることを示した．これは，それぞれの無理数の点が（たとえばその点の左側にある）有理数によって**定まる**ことを意味している．したがって，無理数の点を算術的な対象とみなすためには，**無限集合を数学的対象として受け入れるだけでよい**ことになる．

しかしながら，19 世紀半ばまで，ほとんどの数学者は無限集合を数学的対象と考えようとはしなかった．彼らは，古代ギリシアの「可能」無限と「実」無限の区別に影響を受けていた．たとえば，自然数を，0 から始めて 1 を足し続けるという，際限のないプロセスそのものととらえることは問題視されていなかったものの，自然数全体を完成した実体，あるいは，「実在する」実体 $\mathbb{N} = \{0, 1, 2, \ldots\}$ と見ることは問題視されていた．今日では，これらの違いは些細なものだと考えられている．なぜなら，19 世紀半ばに知られている範囲では，すべての無限集合は「可能」無限ととらえても問題がないからである．

たとえば，整数 $\mathbb{Z}$ は次のような順序で列挙することによって，可能無限と見ることができる．

$$0, \quad 1, \quad -1, \quad 2, \quad -2, \quad 3, \quad -3, \quad \ldots$$

同様に，正の有理数も次のような順序で列挙することによって，可能無限と見ることができる．

$$\frac{1}{1}, \quad \frac{2}{1}, \quad \frac{1}{2}, \quad \frac{3}{1}, \quad \frac{1}{3}, \quad \frac{4}{1}, \quad \frac{3}{2}, \quad \frac{2}{3}, \quad \frac{1}{4}, \quad \ldots$$

（これは，分数 m/n をその和 $m+n$ の順に列挙するという規則に基づく．この規則では，まず $m+n=2$ になる分数，つぎに $m+n=3$ になる分数，そのつぎに $m+n=4$ になる分数というように列挙を続ける．）そして，**すべて**の有理数 $\mathbb{Q}$ も，$\mathbb{Z}$ に対して行ったのと同じように正の有理数と負の有理数を交互に列挙することによって，可能無限と見ることができる．

$$0, \quad \frac{1}{1}, \quad -\frac{1}{1}, \quad \frac{2}{1}, \quad -\frac{2}{1}, \quad \frac{1}{2}, \quad -\frac{1}{2}, \quad \frac{3}{1}, \quad -\frac{3}{1}, \quad \frac{1}{3}, \quad -\frac{1}{3}, \quad \ldots$$

可能無限と実無限の区別についてうるさい数学者でも，このようにすれば $\mathbb{N}$, $\mathbb{Z}$, $\mathbb{Q}$ を「可能」無限として扱うことができただろう．

むしろ重大な問題が生じたのは，$\mathbb{R}$ が可能無限にはなりえないという証明を 1874 年にカントルが発表したときである．

非可算性

集合 $\mathbb{N}$, $\mathbb{Z}$, $\mathbb{Q}$ は，それらの要素を数え上げることで可能無限になりうることを示した．これは言い換えると，すべての要素がどこかの段階では必ず現れる

ような手順を用いて，

$$1\text{ 番目の要素，}2\text{ 番目の要素，}3\text{ 番目の要素，}\cdots$$

というように集合の要素を列として**順序づけられる**ということである．カントルは，$\mathbb{R}$ にはこのような順序づけが存在しないこと，すなわち，$\mathbb{R}$ が**非可算**であることを示した [11]．

カントルは，どのように実数列 $x_1, x_2, x_3, \ldots$ をとっても，それらの中に含まれない実数 x が存在することを示した．実際，$x_1, x_2, x_3, \ldots$ の十進展開[†5]が与えられたとき，x の十進展開を**計算**できる．たとえば，次のような規則を使えばよい．

$$\begin{aligned}&x\text{ の十進展開の }n\text{ 桁目の数字}\\&=\begin{cases}1 & (x_n\text{ の十進展開の }n\text{ 桁目の数字が }1\text{ でない場合})\\2 & (x_n\text{ の十進展開の }n\text{ 桁目の数字が }1\text{ の場合})\end{cases}\end{aligned}$$

このとき，x と x_n は十進展開の n 桁目が異なるため，x はどの x_n とも等しくならない．

したがって，$\mathbb{R}$ を受け入れるためには，**実**無限を受け入れなければならない．ここで与えた証明は，カントルが与えた証明と実質的に同じである [13]．ちなみに，この証明は，本書でのちほど見る $\mathbb{R}$ についての多くの証明に通じるところがある．数列や関数のような任意の対象が与えられたとき，**それらの対象から計算する**ことによってほかの対象の存在を証明する．ある対象を，それと関係する別の対象から計算して求めることは，古典的な解析学ではほとんど注意を向けられていなかった．実際，多くの数学者がカントルの証明を**非構成的**と考えてきた．しかし，このあとの章でわかるように，この証明は重要なのである．

整列順序

カントルの定理は，$\mathbb{N}, \mathbb{Z}, \mathbb{Q}$ で用いたような 1 番目の要素，2 番目の要素，3 番目の要素，$\cdots$ という単純な順序づけでは $\mathbb{R}$ を順序づけられないことを示し

---

†5 訳注：十進展開した場合に末尾に 9 が無限に続く表現は，実数として有限小数と同じものとみなされるので注意が必要である（p.147 の訳注も参照）．

ている．このような事実があるにもかかわらず，カントルは，より一般的な順序に対する彼の信念を次のように述べている[12]．

> このあとの論文で論じるのは，任意の**矛盾なく定義された**集合は，つねに**整列**集合の**形式**にできるという法則である．この法則は，根源的かつ，きわめて重要で，驚くべき結果のように思われる[28]．

カントルは，集合 S の空でない任意の部分集合 T が**最小**元をもつような順序づけがあるとき，S を整列集合とよんだ．前述の $\mathbb{N}, \mathbb{Z}, \mathbb{Q}$ の順序づけでは，それぞれの元が正整数で番号づけされていて，あきらかにこのような順序づけになっている．（最小の整数で番号づけされているような T の要素をとればよい．）また，$\mathbb{Z}$ は，0 と正の整数がすべての負の整数よりも前にくるような次の順序づけをしても整列集合になる．

$$0,\quad 1,\quad 2,\quad 3,\quad \ldots,\quad -1,\quad -2,\quad -3,\quad -4,\quad \ldots$$

T が $\mathbb{Z}$ の空でない部分集合ならば，この順序づけにおける T の最小元は次のようになる．

T に非負の元があれば，T に属する最小の非負の整数
または
T に負の元しかなければ，T に属する最大の負の整数

しかしながら，これが $\mathbb{R}$ になると，どう頑張っても実数の整列順序を見つけることはできない．通常の $<$ による順序づけはことごとく失敗する．なぜなら，$\{x \in \mathbb{R} \mid 0 < x\}$ のような部分集合には最小元がないからである．そこで，カントルは，大胆にもすべての「矛盾なく定義された」集合には整列順序が存在すると仮定したのである．そのような集合には，もちろん $\mathbb{R}$ も含まれている．

整列可能定理とツェルメロの公理

おそらくカントルは，彼の「思考の基本法則」が集合論の公理であるはずだと考えていたのだろう．しかし，カントルは集合論の公理集合が何であるかを提示しなかったので，整列可能性が公理なのか，それとも定理なのかは，はっ

きりしないままであった．その状況は，ツェルメロが整列可能定理を直感的に単純な仮定から**証明**して[96]，初めて明らかになった．その仮定は，いまでは**選択公理**とよばれている．

選択公理 (AC)　空でない集合 x からなる任意の集合 X に対して，**選択関数**，すなわち，それぞれの $x \in X$ に対して $f(x) \in x$ となるような関数 f が存在する．

ツェルメロは，自身の証明の正確な枠組みを示す（そして同時に，集合論の基礎についてのいくつかの疑念を払拭する）ために，集合論の公理集合を初めて与えた[97]．いまでは Z とよばれるツェルメロのその体系において，AC は整列可能定理と**同値**であることが証明された．フランケルはツェルメロの公理を強化して，いまでは ZF 集合論として知られる体系をつくり上げた[29]．

ZF 集合論の公理は，1922 年以来変わることなく，AC が追加されただけで，主流となる数学すべての基礎として広く受け入れられてきた．事実，AC と，実際の数学でよく使われるたくさんの定理が同値であることは，ZF において証明されている．これらの定理は，整列可能定理も含め，一見すると ZF では証明可能でないものばかりである．

ZF に対する AC の位置づけが，ユークリッドの基礎的公理（もっと正確にいえば，ヒルベルトの基礎的公理）に対する平行線の公理の位置づけと似たものだとみなせるのは，このためである．ZF において AC と同値であることが証明された定理は，ZF において AC が証明可能**でない**とわかるまで明確な関心をもたれていなかった．ZF において AC が証明可能でないことは，コーエンによって示された[19]．ベルトラミが 1868 年に平行線の公理に対して行ったように，コーエンは AC が偽となるような ZF の**モデル**を構成することで，AC の証明不可能性を示した．ベルトラミの構成法がそうであったように，コーエンの構成法は，この主題の研究方法を全面的に変えた．その方法は，残念ながら本書で述べるには専門的すぎるが，その方法から導かれるいくつかの結果については述べることができる．

選択公理と数学的に同値な定理

幾何学における平行線の公理と同じように，集合論における AC は，基礎的な（ZF の）公理より「上位」の重要な位置を占める．ZF は AC を証明できないが，ZF そのものはよい基礎理論である．なぜなら，ZF は，AC が集合論や一般的な数学の興味深い多くの主張と同値であることを証明できるからである．この意味において，AC はこれらの主張を証明するのに「適切な公理」である．すでに説明したように，そのような主張の一つが整列可能定理である．また別の主張として，任意の体 $\mathbb{F}$ 上の**ベクトル空間**における次のような性質がある．（1.3 節では，**実**ベクトル空間を定義した．$\mathbb{R}$ の代わりに $\mathbb{F}$ を用いることを除けば，任意の体上でも同じようにベクトル空間が定義できる．）

ベクトル空間の基底の存在　任意のベクトル空間 V は**基底**をもつ．基底とは，次の条件を満たす V の部分集合 U である．

(i) 任意の $\boldsymbol{v} \in V$ に対して，$\boldsymbol{u}_1, \ldots, \boldsymbol{u}_k \in U$ と $f_1, \ldots, f_k \in \mathbb{F}$ で，$\boldsymbol{v} = f_1\boldsymbol{u}_1 + \cdots + f_k\boldsymbol{u}_k$ となるようなものが存在する（「U はベクトル空間 V を張る」）．

(ii) 任意の相異なる $\boldsymbol{u}_1, \ldots, \boldsymbol{u}_k \in U$ と $f_1, \ldots, f_k \in \mathbb{F}$ に対して，$\boldsymbol{0} = f_1\boldsymbol{u}_1 + \cdots + f_k\boldsymbol{u}_k$ となるのは，$f_1 = \cdots = f_k = 0$ であるとき，そしてそのときに限る（「U は独立な集合である」）．

有限次元実ベクトル空間に対しては，基底の存在は明らかである．なぜなら，基底ベクトル $\boldsymbol{u}$ を座標軸上の単位ベクトルにとればよいからである．基底を見つけることが難しい例として挙げられるのは，かなり不思議な見方ではあるが，$\mathbb{R}$ を $\mathbb{Q}$ 上のベクトル空間と見るような場合である．ハメルは，$\mathbb{R}$ の整列順序を用いて基底の存在を示した [43]．しかし，**ハメル基底**とよばれるその基底は，$\mathbb{R}$ そのものの整列順序と同じくらい定義が難しい．

任意のベクトル空間における基底の存在の証明が AC に依存していたとしても，驚くほどのことではない．実際，ZF において，そのような基底の存在が AC と**同値**であることをブラスが示している [4]．そのため，いまでは AC を避けてこの種の問題を考えることはできない．

1.6 論理学と計算可能性

前節までで，実数体系 $\mathbb{R}$ が数学の基礎において本質的であることを示した．次章において解析学を扱う際には，$\mathbb{R}$ を避けて通れないことは明らかでさえある．同時に，その避けられない理由が $\mathbb{R}$ の非可算性だけだと考えるなら，$\mathbb{R}$ についてまだまだ理解しきれていないということである．

すべての実数を列挙することはできない．したがって，実数についてのすべての**事実**を列挙することもできない．ましてや，それを証明するための公理系を用意することなどできるはずもない．この考察が，証明不可能な定理と決定不能なアルゴリズムの問題に対する，ゲーデル [37] とチューリング [88] によるきわめて重要な定理への最初の一歩になる．この定理までの道筋は，第 4 章で詳しく述べる．

ゲーデルの定理が主張しているのは，解析学に対する完全な公理系は存在しないということである．ただし，公理系がまったく存在しないといっているわけではない．運がよければ，よく使われる定理がある公理と同値であると証明できるような，解析学に対する**基礎理論**を見つけることができるかもしれない．そうすれば，幾何学における平行線の公理や集合論における AC のように，公理と同値な定理がつくる「軌道」に，求める定理をもってくることができる．

実際の解析学では，このようなことが起こっている．いまでは，RCA_0 とよばれるよい基礎理論と，解析学の定理に対してこのような役割を担う**集合存在公理**が少なくとも 4 種類存在することが知られている．さらに，これらの公理は段階的に強くなっている．すなわち，それぞれの公理はそれよりも弱い公理を含意している．したがって，その強さによって解析学の定理を分類できる．これらの重要な公理は，「実数の存在」ではなく「集合の存在」を主張する．なぜなら，自然数の集合によって実数を符号化すると，技術的に好都合だからである．（詳細については，次章を参照のこと．）ここで問題にしている公理では，あるクラスに属するそれぞれの性質 $\varphi(n)$ に対応するような自然数 n の集合が存在すると主張している．

RCA_0 では，**計算可能**な性質 $\varphi(n)$ のクラスについて，集合が存在することを主張する．ここで，計算可能というのは，それぞれの n に対して $\varphi(n)$ が成り立つかどうかを決定するアルゴリズムが存在するということである．解析学には計算可能で**ない**性質もあるので，RCA_0 では解析学の重要な定理がほとんど示せない．しかし，RCA_0 は多くの同値性を証明できる．なぜなら，与えられた対象には，（数列や関数などの）計算できる対象が含まれている場合が多いからである．たとえば，RCA_0 はボルツァーノ－ワイエルシュトラスの定理を証明できない．しかし，ボルツァーノ－ワイエルシュトラスの定理が，**算術的に定義可能**な性質 $\varphi(n)$ を満たす集合の存在を主張する公理と同値であることを証明できる．このような公理を RCA_0 に追加すると，ボルツァーノ－ワイエルシュトラスの定理が証明可能になるような強い公理系が得られる．

驚くべきことに，このようにして，解析学のよく知られたほとんどの定理に正確な「強さ」の階層を割り当てることができる．その階層としては，RCA_0 で証明可能な定理という最下層と，それよりも上位にある，4 種類の集合存在公理いずれかで証明可能な定理の階層がある．本書では，主として下位の 3 階層に焦点を当てる．解析学のよく知られた定理のほとんどは，この 3 階層のいずれかに属することが知られている．（第 6 章および第 7 章を参照のこと．）

算術化

ここまでの考察から，公理系 RCA_0 を定義する以前に，算術と計算理論の研究が必要であることがわかる．算術そのものの研究は，ペアノによる**ペアノの公理** [60] にまで遡る．この公理化は，よく知られた標準的な方法である．しかしその前に，19 世紀における解析学の「算術化」と，1930 年代における論理学と計算の「算術化」という二つの意味で，**算術化**について語らなければならない．

解析学の逆数学が可能になったのは，解析学と計算理論が算術という共通の起源へと見事に収束したためである．解析学の算術化については第 2 章，計算理論については第 4 章，計算の算術化については第 5 章で論じる．また，第 3 章では，よく知られた定理の古典的証明も含め，実数と連続性に関しても学び直す．

第2章
古典的算術化

Classical Arithmetization

1900 年にパリで開催された国際数学者会議で，アンリ・ポアンカレは，解析学の基礎における状況を次のように要約した．

> 今日，解析学には，自然数か，自然数の有限または無限の体系しか残されていない．(⋯) 多くの人がいうように，数学は算術化されてしまったのである[62]．

この講演は，数学の進歩と大変動の世紀が幕を下ろすときに行われた．第 1 章でわかったように，19 世紀は，幾何学，代数学，数や関数などの概念，そして無限に新たな光が投げかけられた時代だった．それらは，ユークリッド以来の伝統的な数学の基礎では，あきらかに手に負えないものであった．

数学者は，この広範囲に及ぶ新たな数学の体系に対して確固たる基礎を築きあげるため，まず自然数 $0, 1, 2, 3, \ldots$ にとりかかった，そして，自然数の体系 $\mathbb{N}$（や自然数の**集合**）から，実数や複素数，関数，幾何学図形を再構築し，そうした対象が彼らの主な関心事になった．これが**算術化**とよばれる取り組みである．

この章では，自然数から有理数，そのつぎに実数および複素数，そして連続関数へと歩を進めることによって，解析学と幾何学の基礎がどのように算術化されたのかを説明する．それから，**ペアノの公理**とよばれる自然数そのものの基礎に取り組む．これにより，論理学が算術化の研究をどのように支えているかを知ることができる．

2.1　自然数から有理数へ

整数

さしあたって，自然数 $0, 1, 2, 3, \ldots$ とそれらに対する和 $(+)$ や積 $(\cdot)$ の演算は与えられているものと仮定する．（詳細は，2.6 節で説明する．）これらから，自然数 m と n の順序対 $\langle m, n \rangle$ として**整数**の体系 $\mathbb{Z}$ をつくる．ただし，$\langle m, n \rangle$ は $m - n$ を意味するものと考える．このことから，負の整数 -1 を表すのに，次のような無限に多くの対があることがわかる．

$$-1 = \langle 0, 1 \rangle = \langle 1, 2 \rangle = \langle 2, 3 \rangle = \langle 3, 4 \rangle = \cdots$$

しかしながら，二つの自然数の対が同じ整数を表しているかどうかは，自然数と足し算を用いるだけで判定できる．その判定方法は，具体的に表すと次のようになる．

$$\langle m_1, n_1 \rangle = \langle m_2, n_2 \rangle \Leftrightarrow m_1 + n_2 = m_2 + n_1$$

自然数の対から負の数をつくり出すことは，単なる数学的抽象化ではない．何世紀もの間，同じような考え方が**複式簿記**に使われてきた．複式簿記では，（赤字になることもある）勘定残高を，貸方と借方の金額という正整数の対によって表す．この複式簿記の考え方はパチョーリにまで遡る [57]．複式簿記が負の数の歴史において果たした役割は，論文 [26] で述べられている．

ここで考えている解釈を用いると，$+$ と $\cdot$ の演算は，次のようにして自然数から整数に簡単に拡張できる．

$$\langle m_1, n_1 \rangle \cdot \langle m_2, n_2 \rangle = \langle m_1 m_2 + n_1 n_2, m_1 n_2 + m_2 n_1 \rangle$$

この定義は，$(-1) \cdot (-1)$ はいくつになるかという厄介な問題にも答えていることに注意しよう．なぜなら，-1 は対 $\langle 0, 1 \rangle$ と表すことができて，

$$\langle 0, 1 \rangle \cdot \langle 0, 1 \rangle = \langle 0 \cdot 0 + 1 \cdot 1, 0 \cdot 1 + 0 \cdot 1 \rangle = \langle 1, 0 \rangle$$

は，数 1 を表しているからである．

これでようやく，すべての整数に対する**引き算**が次のように定義できる．（これがそもそも負の整数を導入した目的だった．）

$$\langle m_1, n_1\rangle - \langle m_2, n_2\rangle = \langle m_1 + n_2, m_2 + n_1\rangle$$

面倒ではあるが，次のようないくつかの単純な事実を確認しておかなければならない．

1. $+, -, \cdot$ は**矛盾なく定義されている**こと，すなわち，どの対を代表元に選んでも同じ結果が得られること．
2. $+, -, \cdot$ が，**環の公理**とよばれる次のような望ましい代数的性質をもつこと．（ただし，$-a$ は $0-a$ を表す．）

$$a+b=b+a, \quad a\cdot b=b\cdot a \qquad \text{（交換則）}$$

$$a+(b+c)=(a+b)+c, \quad a\cdot(b\cdot c)=(a\cdot b)\cdot c \qquad \text{（結合則）}$$

$$a+0=a, \quad a\cdot 1=a \qquad \text{（単位元）}$$

$$a+(-a)=0 \qquad \text{（逆元）}$$

$$a\cdot(b+c)=a\cdot b+a\cdot c \qquad \text{（分配則）}$$

これらの事実は，対応する自然数の性質から導かれる．自然数の性質については，2.6 節で詳しく論じる．

有理数

つぎは，整数から，整数の順序対 $\langle i, j\rangle$ として有理数の体系 $\mathbb{Q}$ をつくる．ただし，$j \neq 0$ とする．$\langle i, j\rangle$ は i/j を表すものと考える．したがって，この場合もそれぞれの有理数に対して無数の表現がある．ただしこれには，i と j を公約数で割っても，分数としては同じ有理数を表すという事実が使われている．

また，分数の掛け算についての規則

$$\langle i_1, j_1\rangle \cdot \langle i_2, j_2\rangle = \langle i_1 i_2, j_1 j_2\rangle$$

や，「共通の分母」$j_1 j_2$ に通分する分数の足し算の規則

$$\langle i_1, j_1\rangle + \langle i_2, j_2\rangle = \langle i_1 j_2 + i_2 j_1, j_1 j_2\rangle$$

も用いる．この分数の足し算の規則は，算数では悪名高いつまずきの素である

が，+ が有理数に対して矛盾なく定義されているという主張を確かめるときには重宝される．実際，

$$\text{任意の整数 } m \neq 0 \text{ に対して } \langle i_1, j_1 \rangle = \langle mi_1, mj_1 \rangle$$

$$\text{任意の整数 } n \neq 0 \text{ に対して } \langle i_2, j_2 \rangle = \langle ni_2, nj_2 \rangle$$

であるから，これらの和は

$$\langle mi_1nj_2 + ni_2mj_1, mj_1nj_2 \rangle$$

となる．しかし，この和を表す式は，実際には m や n には依存しない．なぜなら，この対をなす 2 数はともに mn で割り切れるからである．

代数的性質

ここまでに述べた整数と有理数の定義から，これらに関する問題が，原理的に自然数とそれらの和と積に関する問題に帰着できる理由がわかっただろう．これが，自然数が整数や有理数の**基礎**であるといっていた意味である．

もちろん，実用上は整数や有理数を使って計算するほうがよい．整数や有理数に対しては，足し算や掛け算だけでなく，引き算や割り算も使うことができ，その計算規則は単純である．有理数は，自然数よりも代数的によい性質をもつといえる．その性質とは，すでに 1.4 節において幾何学での文脈として述べたような**体**の性質である．体の性質は，前述の環の性質に，$a \neq 0$ であるときに $a \cdot a^{-1} = 1$ になるという**乗法的逆元**の性質を加えたものである．このような性質をもつにもかかわらず，2.6 節において示すように，有理数の計算規則は自然数の計算規則に帰着できるのである．

算術化の次の段階は，代数を超えた範囲にまで広がっていく．有理数の**集合**を認めることで，無限和をとるなどのある種の**無限**演算を行えるように数体系を拡大できる．解析学の基礎を構築するためには，この数体系の拡大がきわめて重要になる．

2.2　有理数から実数へ

ピタゴラスの時代以来，有理点では直線を埋め尽くせないことが知られてい

る．たとえば，点 $\sqrt{2}$ は有理点に含まれない．この直線の隙間を埋めるために，数学者は，無限和，無限小数，無限連分数など，新たな点をつくる無限の処理をいろいろと考案してきた．しかし，この有理数の隙間を埋めるもっとも直接的な方法は，**それぞれの隙間をその隙間そのものによって埋める**という，デデキントのアイデア [23] に基づいたものである．

有理数の集合 $\mathbb{Q}$ において，それぞれの隙間（デデキントはこの隙間のことを**切断**とよんだ）は，$\mathbb{Q}$ を互いに交わらない二つの部分集合 L と U（それぞれの記号は，下方を表す “lower” と上方を表す “upper” に由来している）に分けていると見ることができる．ただし，L には最大の数はなく，U には最小の数はない．そして，L のそれぞれの元は，U のすべての元よりも小さい．このように隙間も無限個つくられるが，数直線を完成させるには最適な対象である．直線は，$\mathbb{Q}$ とその隙間によって埋め尽くされる．

この巧妙な仕掛けは，一見すると言葉遊びかごまかしのように思えるかもしれないが，きわめてうまくはたらく．この方法によって，有理数の集合 $\mathbb{Q}$ が隙間のない実数の集合 $\mathbb{R}$ として完成するだけでなく，$\mathbb{R}$ が体であることもわかる．なぜなら，$\mathbb{R}$ の体としての性質は，$\mathbb{Q}$ から直接受け継がれているからである．これは，デデキント切断において，L には最大の数がないという条件を外して有理数も含むように拡張すると，わかりやすい．実際には，それぞれの実数は，下方集合 L だけで表現できる．これを**下方デデキント切断**とよぶことにする．

定義　実数とは，上に有界で「下方に閉」な有理数の集合 L である．ここで，集合 L が「下方に閉」とは，$s \in L$ ならばすべての有理数 $t < s$ も $t \in L$ となることである．

$\mathbb{R}$ の体としての性質がどのように $\mathbb{Q}$ から受け継がれているかについて，足し算の場合を例に示す．

定義　L_1 と L_2 を実数とするとき，それらの**和** $L_1 + L_2$ を次のように定義する．

$$L_1 + L_2 = \{s_1 + s_2 \mid s_1 \in L_1 \text{かつ} s_2 \in L_2\}$$

この定義から，交換則，結合則，単位元，足し算の逆元はすぐに導かれる．たとえば，結合則が成り立つ理由は次のとおり．

$$L_1+(L_2+L_3)=\{s_1+(s_2+s_3)\,|\,s_1\in L_1\text{かつ }s_2\in L_2\text{かつ }s_3\in L_3\}$$
（和の定義より）
$$=\{(s_1+s_2)+s_3\,|\,s_1\in L_1\text{かつ }s_2\in L_2\text{かつ }s_3\in L_3\}$$
（$\mathbb{Q}$ の結合則より）
$$=(L_1+L_2)+L_3$$
（和の定義より）

積の定義は少し技巧的である．なぜなら，切断の負の部分に属する数どうしを掛け合わせるといくらでも大きい正の有理数が生じるので，結果として得られる集合は下方デデキント切断ではなくなってしまうからである．この問題を回避する方法として挙げられるのは，まず，正有理数による切断を用いて**正**実数を定義し，それらの積を定義することである．そして，自然数から整数を構成したのと同じように，任意の実数を正実数の対として扱う．この場合にも，実数の掛け算における体の性質は，有理数の性質から直接導かれる．

このように，実数は「数」として期待どおりのふるまいをしてくれる．ここで，無限の処理のもとで，実数がいかにうまく機能しているかを見ておこう．まず，$\mathbb{R}$ は $\mathbb{Q}$ から**順序**も受け継いでいることに注意する．$\mathbb{R}$ の順序は，集合の包含関係を使って自然に定義される．

定義　$L_1 \subsetneqq L_2$ であるとき，$L_1 < L_2$ とする．

この定義から直接導かれる帰結の一つは，次の原理である．この原理は，デデキントによる実数の定義の主たる目的でもあった．

最小上界原理　X を実数の任意の有界集合とするとき，X は最小上界（上限）をもつ．

証明　数 $x \in X$ を表現する下方デデキント切断 L を考える．X は上に有界であるから，すべての L のどんな元よりも大きい有理数 q が存在する．このことから，集合 L 全体の和集合 L^* も下方デデキント切断になり，ある数 x^* を定義することがわかる．

それぞれの L について，あきらかに $L \subseteq L^*$ であるから，それぞれの $x \in X$ に対しても $x \leq x^*$ である．すなわち，x^* は X の上界（の**一つ**）である．そして，x^* は X の**最小**上界である．なぜなら，任意の $y < x^*$ に対して，y よりも大きい元を含む L があり，その結果，y はある $x \in X$ より小さくなるからである．□

最小上界原理を最初に述べたのは，ボルツァーノである [6]．ただしそれ以前から，この原理が証明できるくらいに正確な $\mathbb{R}$ の定義は存在していた．次節では，無限に繰り返す処理の結果として得られる $\mathbb{R}$ の多くの性質の背後には，この最小上界原理があることを見る．これらは，$\mathbb{R}$ の**完備性**とよばれる性質を反映したものである．

例として，無限小数 $0.9999\cdots$ を考える．この数字列は，数列 $0.9, 0.99, 0.999, 0.9999, \ldots$ の最小上界を意味するとみなす．すると，最小上界原理によって，この最小上界が存在し，それは必ず 1 になることがわかる．任意の無限小数が矛盾なく定義され，それが実数を表すことも，同じように導くことができる．

複素数

基礎的な視点からは，複素数には $\mathbb{R}$ の構築に使われた以上のアイデアはないので，詳しく調べない．しかしながら，複素数は，順序対によって定義された数の最初の例として歴史的には興味深いものである．ハミルトンは，複素数 $a + bi$ を実数の順序対 $\langle a, b \rangle$ とし，それらの和や積を次のような規則によって定義した [44]．

$$\langle a_1, b_1 \rangle + \langle a_2, b_2 \rangle = \langle a_1 + a_2, b_1 + b_2 \rangle$$
$$\langle a_1, b_1 \rangle \cdot \langle a_2, b_2 \rangle = \langle a_1 a_2 - b_1 b_2, a_1 b_2 + a_2 b_1 \rangle$$

2 番目の等式は，次の結果から説明できる．

$$(a_1 + b_1 i)(a_2 + b_2 i) = a_1 a_2 - b_1 b_2 + (a_1 b_2 + a_2 b_1) i$$

この結果は，複素数 $\mathbb{C}$ の体としての性質と $i^2 = -1$ という仮定から得られる．ハミルトンの和と積の定義のもとで，複素数が体としての性質をもつことは，実数が体としての性質をもつことから導かれる．

2.3 ℝ の完備性

実数の集合は，有界でありさえすれば最小上界をもつ．本書で調べる基礎解析学においては，有界な実数**列** $x_0, x_1, x_2, \ldots$ を使うことが多い．数列の要素は集合 $\{x_0, x_1, x_2, \ldots\}$ を構成するので，有界な実数列もまた最小上界をもつ．この最小上界原理の特別な場合はとくに重要なので，これを**数列に対する最小上界原理**と名づける．

さらにその特別な場合として，有界な**非減少**（または**非増加**）数列は**極限**をもつという**単調収束定理**がある．ここまで極限は定義しなかったが，有界な非減少列の「極限」を何と定めるかは，これまでの議論から明らかだろう．そう，その数列の最小上界である．

定義　数列 $x_0, x_1, x_2, \ldots$ は，任意の $\varepsilon > 0$ に対して次の式を満たす自然数 N が存在するならば，**極限** l をもつという．

$$n > N \Rightarrow |x_n - l| < \varepsilon$$

この関係を $\lim_{n\to\infty} x_n = l$ と書く．また，$n \to \infty$ に従って $x_n \to l$ と書くこともある．そして，数列が極限をもつならば，その数列は**収束**するという．

この定義によって，$x_0 \leq x_1 \leq x_2 \leq \cdots$ であり，l が $\{x_0, x_1, x_2, \ldots\}$ の最小上界ならば，$\lim_{n\to\infty} x_n = l$ でもあることは明らかである．

最大下界や非増加列の極限についても同様のことがいえる．任意の有界集合 S には最大下界が存在する．なぜなら，s の最大下界は $\{-s \mid s \in S\}$ の最小上界の符号を変えたものだからである．また，有界非増加列の極限は，あきらかにこの集合の最大下界に等しくなる．

縮小閉区間列

縮小閉区間の列においても，同じように有界な単調列が現れる．閉区間とは，次のような形式をした集合である．

$$[a,b]=\{x\in\mathbb{R}\,|\,a\le x\le b\}$$

閉区間の列 $[a_0,b_0],[a_1,b_1],[a_2,b_2],\ldots$ は，次の式が成り立つとき，**縮小列**になるという．

$$[a_0,b_0]\supseteq[a_1,b_1]\supseteq[a_2,b_2]\supseteq\cdots$$

このような区間列は，たとえば，次のような無限小数にも暗黙のうちに現れる．

$$x=3.1415\cdots$$

このような無限小数には，x へと「絞り込む」ような縮小区間列が含まれている．つまり，縮小区間列のただ一つの共通点が x である．

$$[3,4]\supset[3.1,3.2]\supset[3.14,3.15]\supset[3.141,3.142]\supset[3.1415,3.1416]\supset\cdots$$

任意の縮小閉区間列

$$[a_0,b_0]\supseteq[a_1,b_1]\supseteq[a_2,b_2]\supseteq\cdots$$

に共通点が存在することは，次の二つの数列の単調性から導かれる．まず，

$$a_0\ge a_1\ge a_2\ge\cdots$$

には最大下界があり，それを a とし，

$$b_0\le b_1\le b_2\le\cdots$$

には最小上界があり，それを b とする．このとき，それぞれの n に対して $a_n\le a\le b\le b_n$ であるから，a と b はすべての区間 $[a_n,b_n]$ に含まれる．

さらに，区間 $[a_n,b_n]$ はいくらでも小さくできるので，$a<b$ とはならない．（なぜなら，区間の長さは $b-a$ よりも小さくできるからである．）したがって，この場合には，**縮小閉区間列はただ一つの共通点をもつ**．（これは，無限小数の場合にも成り立つ．なぜなら，n 番目の区間の長さは 10^{-n} だからである．）

$\mathbb{R}$ がもつこの性質を，**縮小閉区間列の完備性**とよぶことにする．

コーシーの収束判定条件

数列の極限について言及しなくても，有界かつ単調であれば，その数列は収束するとわかる．しかし，単調性はかなり特殊な条件である．実際には，極限

に言及しないようなきわめて一般的な収束の判定条件がある．それは，第 6 章で述べるコーシーの判定条件 [16] である．

コーシーの収束判定条件　数列 $x_0, x_1, x_2, \ldots$ が収束するのは，任意の $\varepsilon > 0$ に対して，次の条件を満たす N が存在するとき，そしてそのときに限る．

$$m, n > N \Rightarrow |x_m - x_n| < \varepsilon$$

証明　$x_0, x_1, x_2, \ldots$ が収束するならば，その極限 l が存在し，極限の定義によって，任意の $\varepsilon > 0$ に対して，次の式を満たす N が存在する．

$$n > N \Rightarrow |x_n - l| < \frac{\varepsilon}{2}$$

これから，とくに求める

$$\begin{aligned} m, n > N \Rightarrow |x_m - x_n| &= |x_m - l - (x_n - l)| \\ &\leq |x_m - l| + |x_n - l| \\ &< \frac{\varepsilon}{2} + \frac{\varepsilon}{2} = \varepsilon \end{aligned}$$

が得られる．

逆に，数列 $x_0, x_1, x_2, \ldots$ がコーシーの収束判定条件を満たすならば，その数列は有界である．なぜなら，有限列 $x_0, x_1, \ldots, x_N$ は有界であり，それ以降の項は x_{N+1} とたかだか ε だけの差しかないからである．このとき，

$$a_n = \{x_n, x_{n+1}, x_{n+2}, \ldots\} \text{ の最大下界}$$

$$b_n = \{x_n, x_{n+1}, x_{n+2}, \ldots\} \text{ の最小上界}$$

とすると，縮小閉区間列

$$[a_0, b_0] \supseteq [a_1, b_1] \supseteq [a_2, b_2] \supseteq \cdots$$

が得られる．この区間は，コーシーの収束判定条件によっていくらでも小さくなり，その結果，ただ一つの共通点 l を含む．このことから，任意の $\varepsilon > 0$ に対して，次の式を満たす N が存在することがわかる．

$$n > N \Rightarrow |x_n - l| < \varepsilon$$

したがって，$x_0, x_1, x_2, \ldots$ は l に収束する． □

この定理から，**コーシーの収束判定条件を満たすすべての数列は極限をもつ**という，$\mathbb{R}$ の完備性のもう一つの表現が得られる．

2.4 関数と集合

ここまでで，整数と有理数がどのようにして自然数に帰着されるか，そして，実数がどのようにして有理数の集合（最終的には自然数の集合）に帰着されるかがわかった．次に算術化する対象は関数である．実際には，ある種の関数についてはすでに検討が済んでいる．

実数**列** $x_0, x_1, x_2, \ldots$ は，実数値をとる自然数上の関数 f，具体的には

$$f(n) = x_n$$

である．この関数は，一方では**順序対の集合**

$$f = \{\langle 0, f(0)\rangle, \langle 1, f(1)\rangle, \langle 2, f(2)\rangle, \ldots\}$$

とみなすことができる．実際，D を定義域とする任意の関数 f は，集合

$$\{\langle x, y\rangle \mid x \in D \text{ かつ } f(x) = y\}$$

とみなすことができる．これは，関数を集合に帰着させる方法を示している．しかし，順序対は，整数や有理数の定義ですでに何度も使われている．解析学のすべての概念を自然数と自然数の集合に帰着させるという，算術化の究極のゴールに達するためには，数の対を数によって符号化する必要がある．

対関数

数の相異なる順序対を相異なる数に写像する関数は，**対関数**とよばれる．まずはもっとも重要な例である，自然数の集合 $\mathbb{N}$ 上の対関数について論じよう．図 2.1 は，対関数の存在をわかりやすくするために，自然数の順序対 $\langle m, n\rangle$ の集合 $\mathbb{N} \times \mathbb{N}$ を並べたものである．この図から，対関数が $\mathbb{N} \times \mathbb{N}$ と $\mathbb{N}$ の間の**全単射**であることがわかる．

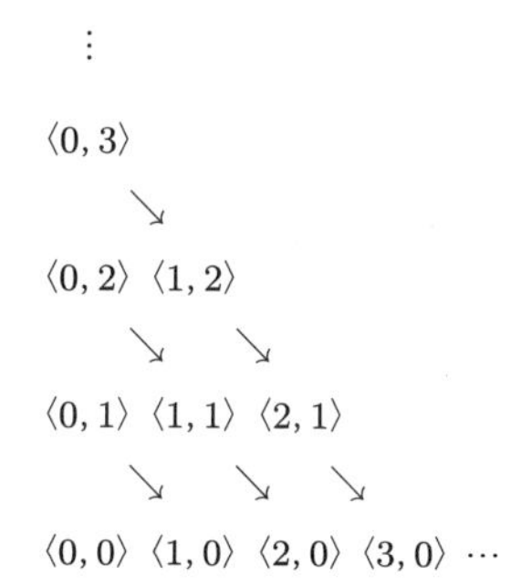

図 2.1 自然数の順序対を並べたもの

図に示したように，$\mathbb{N}\times\mathbb{N}$ の対角線を左から右へと順序づけ，その対角線上の順序対を左上から右下に数え上げる．すると，$\langle m,n\rangle$ は $m+n$ 番目の対角線の m 番目の要素であり，したがって，その順序対が現れる位置は

$$m+(0+1+2+\cdots+(m+n))=m+\frac{(m+n)(m+n+1)}{2}$$

になる．たとえば，$\langle 0,0\rangle$ は位置 0 であり，$\langle 1,2\rangle$ は位置 $1+(3\times 4)/2=1+6=7$ である．

この結果，関数

$$P(m,n)=m+\frac{(m+n)(m+n+1)}{2}$$

は，$\mathbb{N}\times\mathbb{N}$ における対関数になる．この対関数は代数的に単純なため[†1]，2.7 節で導入するペアノ算術の形式的言語の中でも扱いやすい．

この対関数を使うと，整数や有理数が自然数によって符号化でき，有理数の集合（さらに有理数からつくられる実数）は自然数の集合によって符号化できる．これまでの結果から，どうすれば解析学が算術化できるかある程度わかってきたが，2.9 節で示すように，実数の**集合**は，ある理由からうまく算術化できない．ただし，実数列は算術化できる．

---

†1 この関数は，カントルが導入したものと同じである [14]．カントルは，正整数に対して，これに相当する関数を導入した．驚くべきことに，m と n を入れ替えて得られる関数を除けば，$\mathbb{N}\times\mathbb{N}$ から $\mathbb{N}$ への 2 次の全単射は，この関数**しか知られていない**．ポリアとヒューテルは，$\langle 0,0\rangle$ を 0 に写像する 2 次の全単射は $P(m,n)$ と $P(n,m)$ だけであることを証明した [63]．私はこの事実を書籍 [79] で知った．

数列やそのほかの関数の符号化

それぞれの実数 x_n が集合 $X_n \subseteq \mathbb{N}$ によって符号化できるならば，列 $\{\langle n, x_n\rangle \mid n \in \mathbb{N}\}$ は対の集合

$$\{\langle n, k\rangle \mid k \in X_n \text{かつ}\ n \in \mathbb{N}\}$$

によって符号化でき，その結果，自然数の集合

$$X = \{P(n,k) \mid k \in X_n \text{かつ}\ n \in \mathbb{N}\}$$

によって符号化できる．このように，実数列は，$\mathbb{N}$ を定義域とする関数なので，集合 $X \subseteq \mathbb{N}$ によって符号化できる．$\mathbb{Q}$ を定義域とする関数など，$\mathbb{N}$ によって**符号化**できる定義域をもつ任意の関数に対しても，同じ考え方が使える．次節では，この事実を使って，実数上の任意の**連続**関数を自然数の集合によって符号化できることを確認しよう．

2.5　連続関数

実数値関数の連続性を定義する次のような標準的な方法は，コーシーにまで遡る [16]．その方法は，x が a に「近づく」に従って $f(x)$ も $f(a)$ に「近づく」という考え方を定式化したものである．

定義　実数値関数 f は，任意の $\varepsilon > 0$ に対して次の式を満たす $\delta > 0$ が存在するならば，$a \in \mathbb{R}$ **において連続**であるという．

$$|x-a| < \delta \Rightarrow |f(x) - f(a)| < \varepsilon$$

関数 f は，それぞれの $a \in S$ において連続ならば，集合 $S \subseteq \mathbb{R}$ **上で連続**であるという．

この定義から得られる結果として，連続関数は，収束列に関して期待されるようなふるまい方をする．

数列を用いた連続性　f が $x = a$ において連続であり，$\lim_{n\to\infty} a_n = a$ となるような点 $a_0, a_1, a_2, \ldots$ で定義されているならば，$f(a) = \lim_{n\to\infty} f(a_n)$ である．

証明　連続性の定義によって，任意の $\varepsilon > 0$ に対して，次の式を満たす $\delta > 0$ が存在する．

$$|x - a| < \delta \Rightarrow |f(x) - f(a)| < \varepsilon$$

また，$\lim_{n\to\infty} a_n = a$ なので，それぞれの $\delta > 0$ に対して，次の式を満たす N が存在する．

$$\begin{aligned} n > N &\Rightarrow |a_n - a| < \delta \\ &\Rightarrow |f(a_n) - f(a)| < \varepsilon \qquad (x = a \text{ における連続性より}) \end{aligned}$$

そして，これは $\lim_{n\to\infty} f(a_n) = f(a)$ ということである．　□

ここで，それぞれの実数 a は，（2.2 節の定義によって）有理数の集合 L の最小上界であるから，有理数列 $a_0, a_1, a_2, \ldots$ の極限である．（たとえば，a からの距離が $1/n$ よりも小さくなるように，L からそれぞれの a_n を選ぶことで，このような有理数列が得られる．）それゆえ，a を中心とする半径 δ の内側で定義され，a において連続な関数 f は，a を極限とする有理数列 $a_0, a_1, a_2, \ldots$ に対しても定義される．すると，数列を用いた連続性によって，

$$f(a) = \lim_{n\to\infty} f(a_n)$$

が導かれる．言い換えれば，**それぞれの点 a における f の値 $f(a)$ は，有理点における f の値によって決まる．**

ここから，前節の最後で述べたように，**$\mathbb{R}$（または $\mathbb{R}$ の区間）上のそれぞれの連続関数は，自然数の集合によって符号化できる．** その結果，算術化は，少なくとも連続関数の範囲まで可能であることがわかる．この見事な結果はボレルによるもの [7] である．さらにこの結果から，それぞれの連続関数は実数によって符号化できることが導かれる．どれだけ複雑な連続関数でも，数直線上の点によって表現できるというのは，驚くべきことではないだろうか．

有理区間による連続関数の符号化

連続関数をもっと直接的な方法で定義することもできる．ハウスドルフによって導入された次の方法を用いれば，連続関数はより自然に符号化される[46]．

定義　$\mathbb{R}$ の**開区間**とは，次の形式をした集合である．

$$(a,b) = \{x \in \mathbb{R} \,|\, a < x < b\}$$

（$\mathbb{R}$ における）**開集合**とは，任意個の開区間の和集合である．

開集合 U を特徴づける性質は，任意の $x \in U$ が U の「真に内部にある」ということである．これは，x からの距離が δ 以下の点はすべて U に属するような δ が存在するという意味である．このことから，ハウスドルフによる連続関数の特徴づけが得られる．ここでは，$\{f(x) \,|\, x \in (c,d)\}$ を $f((c,d))$ と表記する．

ハウスドルフによる連続性の特徴づけ　開集合 U 上の実数値関数 f が連続であるのは，$f(x)$ と $f(x)$ を含む任意の (a,b) に対して，x を含む開区間 (c,d) で，$f((c,d)) \subseteq (a,b)$ となるものが存在するとき，そしてそのときに限る．

証明　f が連続ならば，それぞれの $x \in U$ と，任意の $\varepsilon > 0$ に対して，次の式を満たす $\delta > 0$ が存在する．

$$|x - x'| < \delta \Rightarrow |f(x) - f(x')| < \varepsilon$$

とくに，$f(x) \in (a,b)$ かつ $\varepsilon = \min(f(x) - a, b - f(x))$ ならば，$x' \in (x - \delta, x + \delta) \subseteq U$ に対して，$f(x') \in (a,b)$ となる $\delta > 0$ が存在する．したがって，$(x - \delta, x + \delta) = (c,d)$ とすると，

$$f((c,d)) \subseteq (a,b)$$

が得られる．

逆に，$f(x)$ を含む任意の (a,b) に対して，x を含む (c,d) で $f((c,d)) \subseteq (a,b)$ となるようなものが存在するならば，任意の $\varepsilon > 0$ に対して，x を含む (c,d)

で，$f((c,d)) \subseteq (f(x)-\varepsilon, f(x)+\varepsilon)$ となるようなものが存在する．

その結果，$\delta = \min(x-c, d-x)$ とすると，

$$|x-x'| < \delta \Rightarrow |f(x)-f(x')| < \varepsilon$$

が得られる．したがって，それぞれの $x \in U$ に対して，f は x において連続であり，その結果，f は U 上で連続である．□

ハウスドルフによる連続性の特徴づけから，開集合 U 上で連続な任意の関数 f は，$f((c,d)) \subseteq (a,b)$ となるような**有理**区間の対 $\langle (a,b),(c,d) \rangle$ によって符号化できることがわかる．これは，x と $f(x)$ がそれぞれを含む有理区間によって決まり，$f((c,d))$ が有理区間 (a,b) に含まれるならば，(c,d) も必要に応じて小さくとることによって有理区間にできるからである．

対関数をうまく使うことによって，順序対 $\langle (a,b),(c,d) \rangle$ の集合を符号化し，その結果，関数 f そのものを自然数の集合によって符号化できた．これで，この節の前半で示した結果と同等のことが示せた．

2.6　ペアノの公理

この章ではここまで，実数から連続関数までの解析学の基本概念が自然数と自然数の集合によってどのように導出されるかを概観した．ここからはいよいよ，自然数そのものとそれに付随する加法および乗法演算の基礎を定義しよう．

この基礎の根幹をなす考え方は**帰納法**である．この考え方は，グラスマンが最初に発見した [41]．帰納法は，加法と乗法を**定義**し，$a+b=b+a$ のような代数的性質を**証明**する基盤である．グラスマンのアイデアは，いまでは**ペアノ算術** (PA) として知られる，ペアノによる自然数の公理系に組み込まれている [60]．

年月を重ねるにつれて，ペアノの公理の記述は少しずつ変わってきている．ペアノの本来の公理系では，1 を最小の数としていたが，ここでは 0 を最小の数とする．また，帰納法の公理にもいくつかの流儀がある．当初，帰納法の公理は，自然数の任意の集合に関する性質として述べられていたが，ここでは次に説明するように，PA の言語によって定義可能な性質に限定する．このように限定する理由の一つは，自然数の集合という概念を自然数という概念から分離したいためである．したがって，PA の公理には集合の概念は含まれない．

第 6 章と第 7 章で詳しく述べるように，集合についての公理は，解析学の公理系として位置づけるのが適切である．

後者の公理

ペアノの公理の最初の二つは，自然数は 0 に**後者関数** S の適用を繰り返すことで生成されるという私たちの直感を表している．

1. すべての n に対して，$0 \neq S(n)$ である．
2. すべての m と n に対して，$S(m) \neq S(n) \Leftrightarrow m \neq n$ である．

この二つの公理から，$0 \neq S(0)$ をはじめ，$S(0) \neq SS(0)$, $SS(0) \neq SSS(0)$ などが導出できる[†2]．これを繰り返すと，（自然数を表す項である）

$$0, \quad S(0), \quad SS(0), \quad SSS(0), \quad \ldots$$

はすべて互いに異なることが証明できる．

和と積の公理

次の二つの公理は，帰納法を用いて関数 $+$ と $\cdot$ を間接的に定義する．（これは，「再帰的定義」または「帰納的定義」ともよばれる．）

3. すべての m と n に対して，$m + 0 = m$ かつ $m + S(n) = S(m + n)$ である．
4. すべての m と n に対して，$m \cdot 0 = 0$ かつ $m \cdot S(n) = m \cdot n + m$ である．

これらの公理は，自然数と解釈される項 $0, S(0), SS(0), SSS(0), \ldots$ すべてに対して，$+$ と $\cdot$ を定義する．公理 3 は，まず，すべての m と $k = 0$ に対して $m + k$ を定義する．それから，$m + n$ がすでに定義されているという前提のもとで，$k = S(n)$ に対して $m + k$ を定義する．次の式のような自然数の和に関する個別の事実は，実際に公理 3 からすべて証明できる．（普段は，この等式を $2 + 2 = 4$ と書いている．）

[†2] 訳注：$S(S(0))$ を $SS(0)$，$S(S(S(0)))$ を $SSS(0)$ のように，括弧を省略して表記している．

$$SS(0) + SS(0) = SSSS(0)$$

しかしながら，この時点ではまだ，すべての a と b に対して $a + b = b + a$ であるといった，加法についての**一般的**な事実は証明できない．

公理 4 は，まず，すべての m と $k = 0$ に対して $m \cdot k$ を定義する．それから，$m \cdot n$ と関数 $+$ がすでに定義されているという前提のもとで，$k = S(n)$ に対して $m \cdot k$ を定義する．次の式のような自然数の和と積に関する個別の事実は，公理 3 と 4 によってすべて証明できる．（普段は，この等式を $2(1 + 3) = 8$ と書いている．）

$$SS(0) \cdot (S(0) + SSS(0)) = SSSSSSSS(0)$$

しかし，先ほどと同じように，すべての a, b, c に対して $a \cdot (b + c) = a \cdot b + a \cdot c$ となるというような一般的な事実を証明することはできない．このような事実は公理 1〜4 からは導かれない．このことは，特殊な和と積をもち，（0, $S(0)$, $SS(0)$, ... とは等しくない）異質な対象を含むような公理 1〜4 のモデルをつくり上げることで示せる．

公理 1〜4 は，「小学校の算数」で習うような自然数の和と積に関する個別の事実をすべて簡潔にまとめあげている．しかし，数についての**一般的**な事実としての「高度な算術」を表現するには，公理 1〜4 から導かれることを知るために無意識に使っていた帰納法の原理を定式化する必要がある．この帰納法があれば，$\mathbb{Q}$ や $\mathbb{R}$ の体としての性質に内在する代数的性質も証明できる．

帰納法

帰納法は，次の二つの主張を証明することによって，すべての n に対して性質 $\varphi(n)$ が成り立つと結論づけることができる原理である．

- $\varphi(0)$ が成り立つ（「起点段階」）．
- すべての n に対して，$\varphi(n)$ が成り立つならば $\varphi(S(n))$ が成り立つ（「帰納的段階」）．

「すべての n に対して」を表す記号 $\forall n$ を用いると，この原理は次のような公理として表される．

5. $[\varphi(0)$ かつ $\forall n(\varphi(n) \Rightarrow \varphi(S(n)))] \Rightarrow \forall n\varphi(n)$

公理 5 は**帰納法の公理**，あるいはもっと正確には，帰納法の公理**図式**として知られている．この公理図式は，実際には，算術の言語で記述できる性質 φ それぞれに対して，一つずつの公理があり，それが無限個合わさったものとして構成されている．算術の言語は，自然数を表す変数，関数記号 $S, +, \cdot$，等号 $=$，括弧，論理記号をもつ．論理記号には，「かつ」「または」「$\cdots$ ではない」「$\cdots$ ならば $\cdots$」「すべての $\cdots$ に対して」「$\cdots$ が存在する」という記号がある．詳細については次節を参照のこと．次節では，「量化子の複雑性」に基づいた論理式の分類について述べる．

ここで，ペアノが用いた帰納法の公理を簡単に説明しておく必要があるだろう．なぜなら，第 6 章で論じる解析学の体系 ACA_0 でこの公理を使うことになるからである．この公理を**集合変数帰納法**とよぶのは，次の式のように集合変数 X が含まれており，$\varphi(n)$ ではなく $n \in X$ について述べているからである．

$$[0 \in X \text{ かつ } \forall n(n \in X \Rightarrow S(n) \in X)] \Rightarrow \forall n(n \in X)$$

帰納法による証明の例

$a + b = b + a$ の証明ですら，想像以上に多くの紙面を必要とするので，単純な二つの例を一般の場合と同じ方法で示すだけにする．

後者関数は +1 に等しい　すべての自然数 n に対して，$S(n) = n + 1$ である．

証明　数 1 は $S(0)$ として定義されているので，次のようになる．

$$\begin{aligned} n + 1 &= n + S(0) \\ &= S(n + 0) && (+ \text{ の定義より}) \\ &= S(n) && (+ \text{ の定義より } n + 0 = n \text{ なので}) \end{aligned}$$

□

1を加えることの可換性　すべての自然数 n に対して，$1+n=n+1$ である．

証明　前の命題によって $S(n)=n+1$ なので，$S(n)=1+n$ を証明すれば十分である．これを，n に関する帰納法によって証明する．

起点段階である $n=0$ の場合は，

$$S(0)=1=1+0 \qquad (+\text{ の定義より})$$

である．帰納的段階では，$S(k)=1+k$ を仮定すると $k+1=1+k$ なので，$S(S(k))$ を考える．

$$\begin{aligned} S(S(k)) &= S(k+1) && (\text{前の命題より}) \\ &= S(1+k) && (\text{帰納法の仮定より}) \\ &= 1+S(k) && (+\text{ の定義より}) \end{aligned}$$

これで帰納的段階が完成し，したがって，すべての自然数 n に対して $S(n)=1+n$ である．□

帰納法をさらに用いると，$m+n=n+m$, $l+(m+n)=(l+m)+n$, $mn=nm$, $l(m+n)=lm+ln$ といった，自然数についてのより一般的な事実が得られる．そして，2.1 節で行ったように，順序対を介して負の整数と有理数を導入すると，整数の環としての性質と有理数の体としての性質をすべて証明できる．最初にこれらを証明したのはグラスマン [41] で，その証明にはかなり苦労の跡が見られる．性質 $mn=nm$ は，グラスマンの定理 72 であるが，その証明の各ステップは退屈な決まりきった操作の繰り返しなので，詳細は割愛する．

2.7　PAの言語

前節の冒頭の考察で言及した算術の言語を正確に述べると，次のようになる．まず，言語の記号として次のものがある．

定数：0

変数：$a, b, c, \ldots$（英小文字）

関数記号：S（後者関数），$+$（和），$\cdot$（積）

関係記号：$=$

論理記号：$\wedge$（連言），$\vee$（選言），$\neg$（否定），$\Rightarrow$（含意），$\forall$（全称量化），
$\exists$（存在量化）

括弧：(，)

これらの記号を次の規則によって組み合わせて，**項**，**等式**，**論理式**を構築する．項は，定数，変数，関数記号を用いて，次のようにつくり上げられる．0 および変数は項であり，t_1 と t_2 が項ならば，

$$S(t_1), \quad (t_1 + t_2), \quad (t_1 \cdot t_2)$$

も項である．とくに，項には自然数の**数項** $0, S(0), SS(0), \ldots$ が含まれる．数項は，通常の名前 $0, 1, 2, \ldots$ と略記されることが多い．次のように，潜在的に異なる意味をもつ項を区別するためには，括弧が必要である．

$$S((a + b)) \quad (S(a) + b)$$

しかし，普段の数学と同じように，混同するおそれがない場合には括弧を省略する．とくに，$S(S(0))$ は $SS(0)$ などのように書く．

等号を用いると，項 t_1, t_2 から**等式** $(t_1 = t_2)$ も構築できる．その変数に数項を代入すると等式の意味が定まる．等式は，もっとも単純な種類の算術的論理式である．論理記号を用いれば，等式から一般の論理式を組み上げることができる．論理記号には，**論理結合子**（**ブール演算子**）$\wedge, \vee, \neg, \Rightarrow$ と**量化子** $\forall, \exists$ がある．すなわち，φ_1 と φ_2 が論理式ならば，

$$(\varphi_1 \wedge \varphi_2), \quad (\varphi_1 \vee \varphi_2), \quad (\neg \varphi_1), \quad (\varphi_1 \Rightarrow \varphi_2), \quad \forall x \varphi_1, \quad \exists x \varphi_1$$

も論理式である．ただし，x は φ_1 において $\forall$ または $\exists$ で束縛されていない変数である．

PA の言語は，自然数に関する通常の文をすべて記述する能力があり，また，よく目にする自然数どうしの関係や性質もすべて記述する能力がある．その一例は次のとおり．

1. $\forall n \neg(0 = S(n))$
   これは，0 が後者になることはないというペアノの 1 番目の公理である．
2. $\exists l(l + m = n)$
   これは，$m \leq n$ を表している．
3. $\exists l(l \cdot m = n)$
   これは，m が n を割り切ることを表している．

2 番目と 3 番目の例は，「$m \leq n$」と「m は n を割り切る」という関係が PA の言語で定義可能であることを示している．したがって，（読みやすさのために）2 番目と 3 番目の例の論理式の省略形として，これらの関係を使うことができる．たとえば，この「割り切る」という省略形と，$S(0)$ の省略形として 1 を使うと，「p は素数である」という性質は，論理式によって次のように定義できる．

4. $\forall l(l$ は p を割り切る $\Rightarrow (l = 1 \vee l = p))$

P を 2.4 節で説明した対関数とすると，関係 $P(x, y) = z$ は，次の等式によって定義できる．

5. $2 \cdot z = 2 \cdot x + (x + y) \cdot (x + y + 1)$

ただし，1 は $S(0)$ の省略形であり，2 は $SS(0)$ の省略形である．また，P_1 と P_2 が，$z = P(x, y)$ であるときにそれぞれ $x = P_1(z)$ および $y = P_2(z)$ が成り立つような**射影関数**ならば，$x = P_1(z)$ は $\exists y(P(x, y) = z)$ を意味し，$y = P_2(z)$ は $\exists x(P(x, y) = z)$ を意味するので，

6. $\exists y(2 \cdot z = 2 \cdot x + (x + y)(x + y + 1))$ は関係 $x = P_1(z)$ を表す．
7. $\exists x(2 \cdot z = 2 \cdot x + (x + y)(x + y + 1))$ は関係 $y = P_2(z)$ を表す．

論理結合子の単純化

ブール演算の記号 $\wedge$, $\vee$, $\neg$, $\Rightarrow$ は，それぞれ自然言語で使われる「かつ」「または」「ではない」「ならば」に対応している．したがって，自然言語と PA の言語は，その間を簡単に行き来できる．しかしながら，用いる論理結合子の数をもっと少なくすることも可能であり，また，場合によってはそのほうが便利

である．

たとえば，論理結合子 $\Rightarrow$ は取り除くことができる．なぜなら，

$$\varphi_1 \Rightarrow \varphi_2 \text{は} (\neg\varphi_1) \vee \varphi_2 \text{と論理的に同値}$$

だからである．また，好みに応じて，$\wedge$ と $\vee$ のどちらか一方を取り除くことができる．なぜなら，

$$\varphi_1 \wedge \varphi_2 \text{は} \neg((\neg\varphi_1) \vee (\neg\varphi_2)) \text{ と論理的に同値}$$

$$\varphi_1 \vee \varphi_2 \text{は} \neg((\neg\varphi_1) \wedge (\neg\varphi_2)) \text{ と論理的に同値}$$

だからである．このように，論理結合子として $\vee$ と $\neg$ だけしか使わなくても十分である．

冠頭形

論理結合子の単純化は，ほかの論理結合子を論理結合子 $\vee$ と $\neg$ に還元することで達成できたので，次はさらに重要な量化子の単純化にとりかかろう．その単純化とは，すべての量化子を論理式の先頭に置く，**冠頭形**とよばれるものである．冠頭形は，次の同値関係を機械的に適用し，量化子を論理結合子の左側に移すことによって得られる．（ただし，$\Leftrightarrow$ は論理的に同値であることを表す．）

$$\neg\forall x\varphi \Leftrightarrow \exists x\neg\varphi$$

$$\neg\exists x\varphi \Leftrightarrow \forall x\neg\varphi$$

$$\varphi_1 \vee \forall x\ \varphi_2(x) \Leftrightarrow \forall y(\varphi_1 \vee \varphi_2(y))$$

$$\varphi_1 \vee \exists x\ \varphi_2(x) \Leftrightarrow \exists y(\varphi_1 \vee \varphi_2(y))$$

3 番目と 4 番目の同値関係では，必要に応じて，φ_2 の量化変数 x を φ_1 には現れない変数 y に置き換えている．

2.8　算術的に定義可能な集合

以降では，PA で定義可能な性質やそれに対応する集合を**算術的に定義可能**とよぶ．前節の同値関係を使うと，算術的に定義可能な性質 $\alpha(u)$ を，次のよう

な冠頭形の論理式によって定義された性質に還元できる．

$$Q_1 x_1 Q_2 x_2 \cdots Q_n x_n \ \varphi(x_1, x_2, \ldots, x_n, u)$$

ただし，$Q_1, Q_2, \ldots, Q_n$ は量化子 $\forall$ または $\exists$ であり，φ は**量化子を含まない**．すなわち，φ は項の間のいくつかの等式を論理結合子 $\vee$ と $\neg$ によって結びつけたもので構成されている．（これは，等式の**ブール結合**としても知られている．）そして，前節で説明したように，項は，変数 $x_1, x_2, \ldots, x_n, u$ と定項 0 から，関数 S, $+$, $\cdot$ を用いてつくり上げられる．

次の同値関係から，射影関数 P_1 と P_2 を用いることで，項が複雑になる代わりに，隣接する同じ種類の二つの量化子を一つに還元できる．

$$\forall x \forall y \ \varphi(x, y) \Leftrightarrow \forall z \ \varphi(P_1(z), P_2(z))$$

$$\exists x \exists y \ \varphi(x, y) \Leftrightarrow \exists z \ \varphi(P_1(z), P_2(z))$$

このような還元によって，最終的に冠頭論理式は，量化子が**交互**に現れる次のどちらかになる．

$$\forall z_1 \exists z_2 \cdots \ \psi(z_1, z_2, \ldots, z_m, u)$$

$$\exists z_1 \forall z_2 \cdots \ \psi(z_1, z_2, \ldots, z_m, u)$$

ただし，ψ は $z_1, z_2, \ldots, z_m, u$ から関数 S, $+$, $\cdot$, P_1, P_2 を用いてつくり上げられた項の間の等式を，量化子を使わずに組み合わせたものである．$\forall$ から始まる m 個の量化子が交互に現れる前者の冠頭論理式は，Π^0_m 論理式とよばれる．後者の冠頭論理式は，Σ^0_m 論理式とよばれる[†3,4]．

m は，算術的な性質 $\alpha(u)$ の複雑さのよい尺度であることがわかる．とくに，性質が Σ^0_1 であるとは，このあとすぐに説明する意味で「計算的枚挙可能」な性質ということである．

[†3]　これらの表記に Π が含まれているのは，全称量化子が論理「積」に似ているからであり，Σ が含まれているのは，存在量化子が論理「和」に似ているからである．そして，上付きの 0 は，その量化子がもっとも基本的な種類の対象である自然数の上を動くことを意味している．上付きの 1 は，量化子が自然数の**集合**の上を動くことを表すために残してある．

[†4]　訳注：この節における論理式の階層の定義は，逆数学における通常の定義とは異なる．5.6 節および巻末解説を参照のこと．

性質 Σ_1^0

前述の Σ_m^0 の定義から，次の条件が成り立つ量化子を含まない論理式 $\psi(z,u)$ が存在するならば，性質 $\alpha(u)$ は Σ_1^0 である．

$$\alpha(u) \Leftrightarrow \exists z\ \psi(z,u)$$

論理式 $\psi(z,u)$ は，変数 u, z と定項 0 から関数 $S, +, \cdot, P_1, P_2$ を用いてつくり上げられた項の間の等式 $t_1 = t_2$ からなるブール結合である．あきらかに，これらの関数は**計算可能**であり，したがって，変数 u, z のいかなる値に対しても，それぞれの等式 $t_1 = t_2$ が真であるか偽であるかを計算できる．

さらに，$\psi(z,u)$ は，これらの等式を論理結合子 $\vee$ と $\neg$ によって組み合わせたものである．したがって，それぞれの等式の真理値（「真」または「偽」）が与えられたときに，$\vee$ と $\neg$ の**真理値表**とよばれるものを用いて，その等式の組み合わせ $\psi(z,u)$ の真理値を計算できる．真理値表からは，$e_1 \vee e_2$ が真となるのは，e_1 と e_2 のいずれかが真である場合だけであり，$\neg e$ が真となるのは，e が偽となる場合だけであることなどがわかる．

このようにして，u と z の値が与えられると，$\psi(z,u)$ が真であるか偽であるかを計算できる．すべての対 $\langle u, z\rangle$ を系統的に調べることによって，いつかは $\exists z\ \psi(z,u)$ となるような u をすべて見つけて列挙できる．これが，$\exists z\ \psi(z,u)$ が成り立つ u の集合を**計算的枚挙可能**とよぶ理由である．

それぞれの u に対して，$\exists z\ \psi(z,u)$ が**真**であるかどうかを計算できると主張しているのではないことに注意しよう．ただ，$\exists z\ \psi(z,u)$ が**真ならば**，そうなるような z がいつかは見つかると主張しているだけである．$\exists z\ \psi(z,u)$ が偽ならば，$\psi(z,u)$ となるような z をいつまでも探すことになるが，その探索が終わるかどうかはわからない．実際には，4.2 節で示すように，Σ_1^0 の性質である $\exists z\ \psi(z,u)$ の中には，それぞれの u に対して真理値を計算するアルゴリズムがないものが存在する[†5]．

計算的枚挙可能な性質という概念が，第4章と第5章で詳しく調べる「計算

[†5] 数学者であれば，$\exists z\ \psi(z,u)$ の真理値を計算するアルゴリズムが**知られていない**ような計算可能な性質 $\psi(z,u)$ を知らない者はいないだろう．たとえばその一つは，「π の小数展開の z 桁目までに u 個の連続するゼロが現れる」という性質である．しかし，そのアルゴリズムが存在しないことを証明するのは，また別の問題である．

可能」の定義とかかわっているのは明らかである．しかしながら，計算的枚挙可能性の概念と性質 Σ_1^0 は，次のような厳密な意味で**一致する**ことが知られている．

ψ を，変数，0，関数 S, $+$, $\cdot$ からつくられた項どうしの等式のブール結合とするとき，Σ_1^0 である性質を次の論理式によって定義すると，このような性質は，前述のような論法から，あきらかに計算的枚挙可能である．

$$\exists x_1 \exists x_2 \cdots \exists x_n\ \psi(x_1, x_2, \ldots, x_n, u) \qquad (*)$$

逆に，「計算可能」の概念を厳密に定義すれば，任意の計算的枚挙可能な関係は (*) の形式になることを示せる．実際には，マティアセヴィッチによって，t_1 と t_2 を関数 S, $+$, $\cdot$ からつくられた項とするとき，$\psi(x_1, x_2, \ldots, x_n, u)$ は**単一の等式** $t_1 = t_2$ にできることが示された [55]．言い換えると，t_1 と t_2 は，$x_1, x_2, \ldots, x_n, u$ を変数とする**多項式**にできる．

このように，計算的枚挙可能な性質，すなわち，Σ_1^0 であるような性質は，実際にはすべて非常に単純な形式の Σ_1^0 にできる．

2.9　算術化の限界

2.4 節では，自然数の集合によって符号化できる実数の**列**とは対照的に，算術化は，実数の**集合**をうまく説明できないのではないかという疑問を提起した．この節では，なぜ実数の集合すべてを自然数の集合によって符号化することはできないのかを説明しよう．このことによって，実数のある集合は，標準的な解釈では，算術化の範囲を超えたところにあることがわかる．

同時に，自然数の集合は自然数によって符号化できないこともわかる．これが，自然数の集合を自然数そのものとは異なる種類の対象であるとみなす理由である．（解析学の算術化が自然数だけでなく，自然数の**集合**を必要とする理由もここにある．）（自然数の集合に対応する）**実数**が自然数によって符号化できないというのは，これと等価な主張である．自然数によって符号化できる定義は有限長の記号列なので，こうして**定義**できる実数の個数には限界があることがわかる。

次のカントルの定理 [13] は，このような事実を説明するだけでなく，ほかにも多くのことを示唆している．

カントルの定理　それぞれの集合 S に対して，S の元と S の部分集合とを1対1に対応させることはできない．

証明　それぞれの元 $x \in S$ に対して，部分集合 $S_x \subseteq S$ が対応していると仮定する．このとき，S のすべての部分集合が S_x として現れるわけではないことを示せば十分である．

実際には，次の部分集合は現れない．

$$X = \{x \in S \mid x \notin S_x\}$$

なぜなら，元 x に関して X と S_x は異なる，すなわち，$x \in X \Leftrightarrow x \notin S_x$ となるからである． □

あきらかに，S の元と S の**いくつかの**部分集合の間には1対1対応が存在する．たとえば，元 x に部分集合 $\{x\}$ を対応させればよい．したがって，カントルの定理が実質的に述べているのは，**任意の集合には，その元よりも多くの部分集合がある**ということである．とくに，自然数の集合は自然数よりも多く，実数の集合は実数よりも多い．これが，自然数の集合が自然数によって一般には符号化できない理由であり，実数の集合が実数（もしくは自然数の集合）によって一般には符号化できない理由である．

対角線論法

カントルの定理で用いられている論法は**対角線論法**とよばれ，とても単純ではあるが，多くの定理の証明で利用できる．たとえば，対角線論法を用いると，自然数の集合の列 $S_0, S_1, S_2, \ldots$ が定義されているときに，その列に**含まれない**集合を次のように明示的に定義できる．（この X を**対角集合**とよぶ．）

$$n \in X \Leftrightarrow n \notin S_n$$

とくに，この列が算術的に定義可能ならば，X はそれ自体が算術的に定義可能な集合である．ここで，列が算術的に定義可能というのは，関係 $m \in S_n$ が算術的に定義可能という意味である．このことからすぐさま，**算術的に定義可能な集合すべてからなる列を算術的に定義することは，これらの集合を定義する論理式 φ をどうにかしてすべて列挙することができたとしても不可能である**ことがわかる．問題は，「その列挙した n 番目の論理式 φ に対して $\varphi(m)$ が成り立つ」という関係が算術的に定義可能ではない点にある．これは，4.3 節でわかるように，対角線論法をさらに厳密にすると導ける．

そこでは，Σ_1^0 集合を列として並べて，その対角集合 X（これは必ずしも Σ_1^0 とは限らない）を Π_1^0 にできることを示す．これは，計算可能性の言葉でいえば，計算的枚挙可能集合で，その補集合が計算的枚挙可能でないようなものが存在するということである．この結果を任意の個数の量化子に一般化すると，それぞれの k に対して Π_k^0 集合で Σ_k^0 でないものが存在するということになる．このことから，Σ_{k+1}^0 は，Π_k^0 を含むので，Σ_k^0 よりも大きなクラスであることがわかる．

いま，$m \in S_n$ が算術的に定義可能な関係として，たとえば Σ_k^0 に属するならば，$S_0, S_1, S_2, \ldots$ はすべて Σ_k^0 に属する．したがって，Σ_k^0 は Σ_{k+1}^0 を含んでいないので，算術的に定義可能な列は，算術的に定義可能な集合すべてを含むことはできない．

定義可能性と計算可能性

ここまでに述べた結果は，集合を定義する私たちの能力が，あらゆる集合を定義するには不十分であることをはっきり示している．つまり，きちんと定義された「定義可能な集合」のクラスは存在せず，想定している目的にあった，十分に大きな集合のクラスを**選ばなければならない**ということである．

第 6 章と第 7 章では，そのような集合のクラスとして選ばれるもののうち，もっともわかりやすい算術的に定義可能な集合と計算可能な集合を調べる．算術的に定義可能な集合に基づく解析学の体系 ACA_0 は，基本的な解析学のすべての定理を証明するのに十分な大きさである．その中には，中間値の定理，極値定理，ハイネ－ボレルの定理，ボルツァーノ－ワイエルシュトラスの定理，そして，ブラウワーの不動点定理やジョルダンの閉曲線定理など，証明がきわめて難しいと考えられている定理もある．計算可能な集合に基づく体系 RCA_0 はそこまで強くないが，それでも価値がある．先に述べた定理の中で RCA_0 が証明できるのは，中間値の定理だけである．しかしながら，RCA_0 から直接証明できない多くの定理の間の**同値性**を証明できるほどには強力である．

このことから，RCA_0 は，解析学の定理どうしの同値性を調べたり，強さを比較したりするためのよい基礎理論といえる．第 6 章と第 7 章で明らかにされるが，この研究での驚くべき成果として，解析学の基本的な定理の多くは，たった 3 種類の「強さ」のいずれかに属するということがわかっている．

第3章
古典的解析学

Classical Analysis

前章では，実数，数列，無限級数，連続関数など，解析学の基本的対象の多くが**算術化**できることを実証した．したがって，これらの対象は，自然数と自然数の集合を用いて定義あるいは符号化できる．この発見が，ペアノ算術に基づく解析学の**公理系**へとつながる．

この章では，実数と連続関数を学ぶときに現れる基本概念，とくに，極限の概念と連続関数の性質を証明する際の極限の使い方を詳しく調べる．ボルツァーノ–ワイエルシュトラスの定理，ハイネ–ボレルの定理，連続関数の中間値の定理，極値定理を証明する．また，ハイネ–ボレルの定理を用いて，閉区間上の連続関数の**一様**連続性を証明し，その帰結として，任意の連続関数は閉区間上で**リーマン積分可能**であることを証明する．

これらの証明のなかには，「無限二分法」による構成法を用いることができるものもある．ここで，「無限二分法」とは，ある主張を**二分木**を用いた論法に書き換えることである．解析学における木構造の役割は，第7章でさらに詳しく調べる．この章では，ここでの重要な対象である**カントル集合**とよばれるものを構成するために木構造を用いる．

3.1　極限

数列の極限

解析学は，実数における無限の過程の結果，すなわち，**極限**と根源的なかかわりがある．たとえば，次の等式は，ある種の無限の過程の結果として，それぞれ実数 $1/3$, $\sqrt{2}$, π を表している．

$$\frac{1}{3} = 0.333333\cdots$$

$$\sqrt{2} = 1 + \cfrac{1}{2 + \cfrac{1}{2 + \cfrac{1}{2 + \cfrac{1}{\ddots}}}}$$

$$\frac{\pi}{4} = 1 - \frac{1}{3} + \frac{1}{5} - \frac{1}{7} + \frac{1}{9} - \cdots$$

それぞれの等式において，右辺は次のような有理数の無限列をつくり出す過程からできている．

- 有限小数の列から生じる無限小数

$$0.3, \quad 0.33, \quad 0.333, \quad \ldots$$

- 有限連分数の列から生じる無限連分数

$$1, \quad 1 + \frac{1}{2}, \quad 1 + \cfrac{1}{2 + \cfrac{1}{2}}, \quad \ldots$$

- 部分和の列から生じる無限和

$$1, \quad 1 - \frac{1}{3}, \quad 1 - \frac{1}{3} + \frac{1}{5}, \quad \ldots$$

そして，それぞれの左辺は，2.3 節で定義したような数列の**極限**である．

関数の極限

数列 $a_1, a_2, a_3, \ldots$ は，次のような正整数上の関数 f と見ることもできる．

$$f(n) = a_n$$

したがって，数列の極限 l は，n が無限に大きくなったときの $f(n)$ の極限と見ることもできる．これを，2.3 節でも述べたように，$n \to \infty$ に従って $f(n) \to l$ と書くこともある．

さらに一般的には，実変数 x をもつ実数値関数 f の極限を定義することもできる．（この特別な場合が，2.5 節で説明した 1 点での連続性の定義である．）

定義　f を $\mathbb{R}$ の部分集合上で定義された実数値関数とする．

1. 任意の $\varepsilon > 0$ に対して，次の式を満たす $\delta > 0$ が存在するならば，$x \to a$ に従って $f(x) \to l$ という．

$$|x - a| < \delta \Rightarrow |f(x) - l| < \varepsilon$$

2. 任意の $\varepsilon > 0$ に対して，次の式を満たす $N > 0$ が存在するならば，$x \to \infty$ に従って $f(x) \to l$ という．

$$x > N \Rightarrow |f(x) - l| < \varepsilon$$

集合の極限点

定義　$S \subseteq \mathbb{R}$ とする．任意の $\varepsilon > 0$ に対して，区間 $(l - \varepsilon, l + \varepsilon)$ の中に l 以外の S の点があるならば，点 l は S の**極限点**とよばれる．また，この定義の条件を，「l のそれぞれの**近傍**は l 以外の S の点を含む」と表現することもある．

この定義を満たす重要な例として，有理数の集合 $S = \mathbb{Q}$ がある．このとき，すべての実数 x は S の極限点である．なぜなら，x のそれぞれの近傍は，x の下方デデキント切断の元である有理数を含むからである．

極限点の考え方が本当に必要なのか，すべての極限点は S から取り出した数列の極限ではないのかと疑問に思うかもしれない．そのように思えるのも無理はない．しかし，3.4 節でわかるように，極限点の存在だけでも，解析学の基礎における重要ないくつかの論点を浮き彫りにする，影響範囲の広い問題なのである．

3.2　極限の代数的性質

「与えられた ε に対する δ」についての退屈で込み入った大量の計算を避けるために，収束列の和，差，積，商はそれ自体が収束し，期待したとおりの値に収束することを証明する．

極限の四則演算　$n \to \infty$ に従って $a_n \to a$ および $b_n \to b$ となるならば，次が成り立つ．

$$a_n + b_n \to a + b \tag{1}$$

$$a_n - b_n \to a - b \tag{2}$$

$$a_n \cdot b_n \to a \cdot b \tag{3}$$

$$\frac{a_n}{b_n} \to \frac{a}{b} \quad (\text{ただし } b \neq 0) \tag{4}$$

証明　(1) については，適切に選んだ N よりも大きい n に対して，$a + b$ から ε より狭い範囲に $a_n + b_n$ がなければならない．$a_n \to a$ と $b_n \to b$ から，次の条件を満たす正整数 A, B を見つけることができる．

$$n > A \Rightarrow |a_n - a| < \frac{\varepsilon}{2}$$

$$\text{かつ}\quad n > B \Rightarrow |b_n - b| < \frac{\varepsilon}{2}$$

このとき，$N = \max(A, B)$ とすると，$n > N$ に対して $|a_n - a| < \varepsilon/2$ **かつ** $|b_n - b| < \varepsilon/2$ となるので，

$$\begin{aligned}|a_n + b_n - (a + b)| &\leq |(a_n - a) + (b_n - b)| \\ &\leq |a_n - a| + |b_n - b| \\ &\leq \frac{\varepsilon}{2} + \frac{\varepsilon}{2} = \varepsilon\end{aligned}$$

が得られる．すなわち，$n \to \infty$ に従って $a_n + b_n \to a + b$ となる．

(2) についても，(1) と同じように示すことができる．

(3) については，$a_n b_n - ab < \varepsilon$ となってほしい．そのためには，ひとひねりが必要で，

$$a_n b_n - ab = a_n b_n - ab_n + ab_n - ab = b_n(a_n - a) + a(b_n - b)$$

と書き換える．このとき，$|a_n - a|$ と $|b_n - b|$ を，因子 b_n と a を打ち消す程度に十分小さくしなければならない．（たとえば，$n > B$ と選ぶことによって）$|b_n - b| < \varepsilon/2|a|$ とすると，因子 a を打ち消すことができる．

可変な因子 b_n を打ち消すために，まず $|b_n| < 2|b|$ となるように十分大きな n を選ぶ．これは，$b_n \to b$ であるから可能である．つぎに，（たとえば，$n > A$ と選ぶことによって）$|a_n - a| < \varepsilon/4|b|$ となるように，必要ならば n を大きくする．このとき，$n > N = \max(A, B)$ に対して，

$$\begin{aligned}
|a_n b_n - ab| &= |b_n(a_n - a) + a(b_n - b)| \\
&\leq |b_n||a_n - a| + |a||b_n - b| \\
&\leq 2|b|\frac{\varepsilon}{4|b|} + |a|\frac{\varepsilon}{2|a|} \\
&= \frac{\varepsilon}{2} + \frac{\varepsilon}{2} = \varepsilon
\end{aligned}$$

となり，証明したかった $a_n b_n \to ab$ が得られる．

(4) については，a_n/b_n を a_n と $1/b_n$ の積とみなす．このとき，結果 (3) によって，

$$b \neq 0 \text{ のとき，} n \to \infty \text{ に従って} \quad \frac{1}{b_n} \to \frac{1}{b}$$

を証明することに帰着される．これを証明するためには，$|1/b_n - 1/b| < \varepsilon$ としなければならない．そこで，

$$\frac{1}{b_n} - \frac{1}{b} = \frac{b - b_n}{bb_n}$$

と書き換えると，次のようにして，この式の絶対値を ε より小さくできる．まず，$|b_n| > |b|/2 > 0$ とする．$b_n \to b \neq 0$ であるから，十分に大きな n をとればこれは可能である．つぎに，$|b - b_n| < \varepsilon|b|^2/2$ となるように，必要であれば n を大きくする．（たとえば，$n > N$ とする．）

これで，求める

$$\left|\frac{1}{b_n} - \frac{1}{b}\right| = \left|\frac{b - b_n}{bb_n}\right| \leq \frac{\varepsilon|b|^2/2}{|b|^2/2} = \varepsilon$$

が得られた. □

$x \to c$ に従って $f(x) \to l$ かつ $g(x) \to m$ ならば，次の 1〜4 が成り立つことも，同じように証明できる.

1. $f(x) + g(x) \to l + m$
2. $f(x) - g(x) \to l - m$
3. $f(x) \cdot g(x) \to l \cdot m$
4. $f(x)/g(x) \to l/m$（ただし $m \neq 0$）

3.3 連続性と中間値

連続関数に対する私たちの直感は，そのグラフが「途切れていない」，すなわち，数直線 $\mathbb{R}$ に隙間がないのと同様に，グラフの曲線に「隙間がない」というものである．しかしながら，連続関数は，通常，極限の概念によって定義されているので，そのグラフに隙間がないことは，**中間値の定理**とよばれる定理によって表現される.

2.5 節において，関数 f が $x \to c$ に従って $f(x) \to f(c)$ となるならば，c に**おいて連続**といい，f が集合 $S \subseteq \mathbb{R}$ の各点において連続ならば，S **上で連続**といったことを思い出そう.

中間値の定理 f が区間 $[a, b]$ 上で連続であり，$f(a) < 0$ かつ $f(b) > 0$ ならば，$[a, b]$ に属するある c において $f(c) = 0$ となる.

中間値の定理を証明する前に，f の値 0 に特別な意味は何もないことに注意しよう．$f(c)$ が 0 になるような c が存在することを証明するのと同じようにして，f は $f(a)$ と $f(b)$ の間の**すべて**の値をとることが示せる．これが，「中間値の定理」というよばれる理由である．実際には，端点 a と b という一般化は不要である．このあとの証明で見るように，一般性を失うことなく，$a = 0$ かつ

$b=1$ ととることができる.

証明　区間 $[0,1]$ の半分，すなわち，$[0,1/2]$ か $[1/2,1]$ のどちらか一方において，その部分区間の一方の端点では $f(x) \leq 0$ であり，もう一方の端点では $f(x) \geq 0$ である．その端点のいずれかで $f(x)=0$ ならば，これで証明は終わりである．そうでなければ，$f(a_1)<0$ かつ $f(b_1)>0$ となる区間 $[a_1,b_1]$ が得られ，この処理を $[a_1,b_1]$ に対して繰り返すことができる.

すなわち，$[a_1,b_1]$ の中点 x において $f(x) \neq 0$ ならば，$[a_1,b_1]$ の前半か後半のどちらかは必ず $f(a_2)<0$ かつ $f(b_2)>0$ となる区間 $[a_2,b_2]$ になる．これを続けると，どこかの段階で $f(x)=0$ となる 2 等分点 x が見つかるか，そうでなければ，それぞれの n に対して $f(a_n)<0$ かつ $f(b_n)>0$ であるような縮小閉区間列

$$[a_1,b_1] \supset [a_2,b_2] \supset [a_3,b_3] \supset \cdots$$

が得られる．また，それぞれの区間の長さはその直前の区間の半分なので，縮小閉区間列の完備性（2.3 節）によって，これらはただ一つの共通点 c をもつ.

このとき，$f(c)=0$ でなければならない．なぜなら，$f(c)>0$ ならば f の連続性によって，c に十分近い任意の a_n, b_n は $f(a_n)>0$, $f(b_n)>0$ となり，a_n, b_n の構成法に反する．同様に，$f(c)<0$ でないことも示される.

したがって，二分法のどこかの段階で $f(x)=0$ となる点が見つかるか，そうでなければ，二分法によって生じる区間の極限としてそのような点が得られるかのいずれかである.　□

これと実質的に同じ証明がコーシーによって与えられた [16]．コーシーの証明の英訳は書籍 [8]†1で見ることができる.

代数学の基本定理

前節で示した極限の代数的性質と連続性の定義から，連続関数の和，差，積は連続関数であることがわかる．これに加えて，簡単に確かめられる定数関数と恒等関数の連続性を合わせると，次のような**任意の多項式による関数が連続**

†1　訳注：邦訳は，小堀憲訳・解説『コーシー 微分積分学要論』（共立出版，1969）にある.

であることがわかる．

$$f(x) = a_n x^n + \cdots + a_1 x + a_0 \quad (\text{ただし } a_0, a_1, \ldots, a_n \in \mathbb{R})$$

n が奇数であれば，十分大きい正の x に対して，$f(x)$ は a_n と同じ符号をもち，十分大きい負の x に対して，$f(x)$ は a_n と逆の符号をもつことにも注意しよう．これは，x が十分に大きければ，残りのすべての項の和よりも $a_n x^n$ のほうが大きい絶対値をもち，$x > 0$ に対しては $x^n > 0$ となり，$x < 0$ に対しては $x^n < 0$ となるからである．

このようにして，中間値の定理から，**f が奇数次の実係数多項式ならば，ある x に対して $f(x) = 0$ である**ことがわかる．要するに，このような任意の方程式は**実数解**をもつことが示された．

これは，**代数学の基本定理** (FTA: fundamental theorem of algebra) の特別な場合である．一般の場合は，n が奇数であるという制限は取り除かれ，複素数の解も許す．ガウスは，任意の実係数多項式による方程式 $f(x) = 0$ を，（込み入っているが）純粋に代数的な論法によって，奇数次の方程式に帰着させた [35]．2 次方程式の助けを借りると（ここで複素数解が生じる），方程式の次数を繰り返し 2 で割ることができ，これによって最終的に奇数次の方程式が得られる．

奇数次の方程式へと帰着させる方法は，書籍 [22] で確認できる．基礎づけの観点から見ると，ガウスの証明のもっとも繊細な部分は，中間値の定理を用いる奇数次の場合である．ここで，実数の完備性が用いられている．実は，ボルツァーノは，中間値の定理を証明することでガウスの証明を正当化しようとした [6] のだが，そこから完備性の問題が表面化したのである．ボルツァーノは最小上界を使って完備性を主張しているが，先に示した証明のように，縮小閉区間列それぞれに共通点が存在することを使うのでもよい．

3.4 ボルツァーノ－ワイエルシュトラスの定理

無限集合でなければ極限点をもたないことや，いくつかの非有界な無限集合（たとえば $\mathbb{N}$）が極限点をもたないことは明らかである．しかしながら，極限点の存在を妨げているのは，この有限性と非有界性だけである．

ボルツァーノ－ワイエルシュトラスの定理　S が実数 a と b の間にある点の無限集合ならば，S は極限点をもつ．

証明　一般性を失うことなく，$a = 0$ かつ $b = 1$ としてよい．すると，S は $[0, 1]$ 内の点の集合である．S は無限集合であるから，$[0, 1]$ の半分の少なくとも一方，すなわち，$[0, 1/2]$ か $[1/2, 1]$ のいずれかは，S の無限個の点を含む．

$[a_1, b_1]$ を，$[0, 1]$ の半分のうちで，S の無限個の点を含む部分区間でもっとも左にあるものとして，この論法を $[a_1, b_1]$ に対して繰り返す．すると，$[a_1, b_1]$ の半分 $[a_2, b_2]$ が S の無限個の点を含むようにできる．これを続けると，次の縮小閉区間列が得られる．

$$[a_1, b_1] \supset [a_2, b_2] \supset [a_3, b_3] \supset \cdots$$

このそれぞれの閉区間は，S の無限個の点を含む．

それぞれの区間の長さはその直前の区間の半分なので，すべての区間 $[a_n, b_n]$ に共通なただ一つの点 c が存在する．また，これらの区間はいくらでも小さくなるので，c の ε 近傍はそれぞれある $[a_n, b_n]$ を含み，その結果，S の無限個の点を含む．

すなわち，c は集合 S の極限点である．□

系（数列に対するボルツァーノ－ワイエルシュトラスの定理）　有界な無限実数列 $x_1, x_2, x_3, \ldots$ は，収束する部分列 $x_{n_1}, x_{n_2}, x_{n_3}, \ldots$ を含む．

証明　$S = \{x_1, x_2, x_3, \ldots\}$ として，ボルツァーノ－ワイエルシュトラスの定理の証明と同じような縮小閉区間列

$$[a_1, b_1] \supset [a_2, b_2] \supset [a_3, b_3] \supset \cdots$$

を見つける．このとき，$x_1, x_2, x_3, \ldots$ の部分列を次のように定義する．

$$x_{n_1} = x_1$$

$$x_{n_k} = x_{n_{k-1}} \text{ より後ろで最初に } [a_k, b_k] \text{ に含まれる項}$$

$[a_k, b_k]$ に含まれる S の元は無限にあるので，x_{n_k} はつねに定義され，したがって，この部分列は無限列である．そして，この部分列は（c に）収束する．なぜ

なら，k 番目の項は $[a_k, b_k]$ に含まれ，その結果，c からの距離は 2^{-k} より小さくなるからである． □

数列に対するボルツァーノ－ワイエルシュトラスの定理を証明したのは，2.9 節で述べたように，実数の**集合**という概念を算術化する困難さを回避するためである．区間 $[a_k, b_k]$ の列は（帰納法によって）**定義可能**であるが，あきらかに**計算可能**ではない．なぜなら，有限の計算では，与えられた区間に数列 $x_1, x_2, x_3, \ldots$ の無限個の項が含まれるかどうか判定できないからである．これが，区間 $[a_k, b_k]$ の列を計算できない理由である．この状況は，古典的解析学で計算可能でない処理が必要かどうかを判断する手がかりになる．この意味は，章を追うごとに明らかになっていくだろう．

3.5 ハイネ－ボレルの定理

無限二分法は，ボルツァーノ－ワイエルシュトラスの定理の証明において「無限個の要素を残しつつ領域を狭める」際に用いたが，ほかの定理の証明においても使うことができる．この節では，ハイネ－ボレルの定理という別の定理を調べる．この定理は根本的に重要である．この二つの定理の証明はよく似ているが，ハイネ－ボレルの定理は，正確な定義を踏まえると，ボルツァーノ－ワイエルシュトラスの定理よりも少しだけ弱い．（第7章を参照のこと．）

ハイネ－ボレルの定理　開区間の無限集合 S が $[0,1]$ を覆うならば，S のある有限部分集合が $[0,1]$ を覆う．

証明　S のいかなる有限部分集合も $[0,1]$ を覆えないと仮定する．このとき，$[0,1]$ の半分の区間の少なくとも一方，具体的には $[0,1/2]$ か $[1/2,1]$ は，S の有限個の元で覆うことはできない．

$[a_1, b_1]$ を，そのような半分の区間のうちもっとも左にあるものとして，$[a_1, b_1]$ に対してこの論法を繰り返す．すると，S の有限個の元では覆うことのできない $[a_1, b_1]$ の半分の区間 $[a_2, b_2]$ が得られる．このようにして，縮小閉区間列

$$[a_1, b_1] \supset [a_2, b_2] \supset [a_3, b_3] \supset \cdots$$

が得られる．すると，このいずれの区間も，S の有限個の元で覆うことはでき

ない．

それぞれの $[a_n, b_n]$ の長さは直前の区間の半分なので，これらの区間はただ一つの共通点 c をもつ．しかし，c は S に属するある開区間 I の内部にあり，それゆえ，十分に小さい $[a_n, b_n]$ も I の内部にある．これは，S の有限個の元で覆うことができないという $[a_n, b_n]$ の選び方に矛盾する．したがって，$[0, 1]$ が S の有限個の元で覆うことはできないという仮定は誤りである． □

系（区間列に対するハイネ－ボレルの定理）　開区間の無限列 $I_1, I_2, I_3, \ldots$ が $[0, 1]$ を覆うならば，ある n に対する有限列 $I_1, I_2, \ldots, I_n$ もまた $[0, 1]$ を覆う．

証明　$S = \{I_1, I_2, I_3, \ldots\}$ とすると，ハイネ－ボレルの定理から，有限個の I_k で $[0, 1]$ を覆うことがわかる．そして，これらの I_k は，ある n に対する列 $I_1, I_2, \ldots, I_n$ に含まれる． □

$c \in I$ から $[a_n, b_n] \subset I$ という結論を引き出すときに，S に属する I が開区間であることがうまくはたらいている．実際，$[0, 1]$ を覆う無限個の**閉**区間で，そのいかなる有限部分集合も $[0, 1]$ を覆わないようなものがある．その一例は，（0 を覆う）閉区間 $[0, 0]$ に続く（残りの点を覆う）$[1/2, 1], [1/4, 1/2], [1/8, 1/4], \ldots$ という列である．

ハイネ－ボレルの定理から多くの重要な結果が得られる．3.7 節では，そのうちのいくつかを示す．しかしその前に，無限二分法による構成法を用いたもう一つの根源的に重要な定理を示そう．

3.6 極値定理

3.3 節において，連続関数のグラフはある意味で「中間に隙間がない」ことを見た（中間値の定理）．ここでは，連続関数が閉区間上で「最大と最小においても隙間がない」ことを示す．これを正確に述べると，次のようになる．

極値定理　f が $[0, 1]$ 上の連続関数ならば，f は $[0, 1]$ 上で最大と最小の両方の値をとる．

証明　まず，f が $[0,1]$ 上で**有界**であることを証明する．f が $[0,1]$ 上で非有界，すなわち，f はいくらでも大きい正または負の値をとると仮定する．

この場合，f は $[0,1]$ の半分の閉区間上のいずれかで非有界である．これまでどおり，そのような区間のもっとも左側にあるものを $[a_1, b_1]$ とし，これまで用いてきた論法（「非有界になる点に向かって絞り込む」）を繰り返す．これで，最終的には次のような縮小閉区間列が得られる．

$$[a_1, b_1] \supset [a_2, b_2] \supset [a_3, b_3] \supset \cdots$$

そして，それぞれの $[a_n, b_n]$ 上で f は非有界である．それぞれの $[a_n, b_n]$ の長さはその直前の区間の半分なので，すべての $[a_n, b_n]$ に共通の点 c がただ一つ存在する．

しかし，f は連続なので，$[a_n, b_n]$ 上の f の値と $f(c)$ の差が与えられた $\varepsilon > 0$ よりも小さくなるような n を見つけることができる．これは，$[a_n, b_n]$ 上で f が**有界**であることを意味し，仮定と矛盾する．これで，f は $[0,1]$ 上で実際に有界であることが示された．それゆえ，$\mathbb{R}$ の完備性によって，$[0,1]$ 上での f の値に対する最小上界 l が存在する．

l が f の値でないならば，関数 $1/(l - f(x))$ は連続であり，$[0,1]$ 上で**非**有界になるが，そうならないことは，いままさに証明したとおりである．それゆえ，l は実際には $[0,1]$ 上での f の最大値である．同様にして，最小値の存在も示すことができる．　□

3.7　一様連続性

2.5 節で，f は，任意の $\varepsilon > 0$ に対して次の式を満たす δ が存在するならば，$x = c$ **において連続**と定義したことを思い出そう．

$$|x - c| < \delta \Rightarrow |f(x) - f(c)| < \varepsilon$$

このことから，

$$x, x' \in (c - \delta, c + \delta) \Rightarrow |f(x) - f(x')| < 2\varepsilon$$

となることがわかる．なぜなら，

$$
\begin{aligned}
|f(x) - f(x')| &= |f(x) - f(c) + f(c) - f(x')| \\
&\leq |f(x) - f(c)| + |f(c) - f(x')| \\
&\leq \varepsilon + \varepsilon = 2\varepsilon
\end{aligned}
$$

だからである．

したがって，2ε を ε と書き換えると，$x = c$ における連続性の条件は，任意の $\varepsilon > 0$ に対して，次の式を満たす $\delta > 0$ が存在することと言い直してもよい．

$$x, x' \in (c - \delta, c + \delta) \Rightarrow |f(x) - f(x')| < \varepsilon \qquad (*)$$

この条件の δ は c に依存しているので，f がある集合 S 上で連続ならば，ε が同じでも，S 上を動く c の値に従って $\delta(c)$ の値は変わる可能性がある．

S に属するすべての c に対して式 (*) を満たすような δ が見つかるときには，f は S 上で**一様連続**とよばれる．式 (*) の δ を $\delta/2$ で置き換えると，この条件をもっと簡潔に述べることができる．

定義　$S \subseteq \mathbb{R}$ とする．関数 f は，任意の $\varepsilon > 0$ に対して，$\delta > 0$ が存在し，すべての $x, x' \in S$ に対して次の式を満たすならば，集合 S 上で**一様連続**とよばれる．

$$|x - x'| < \delta \Rightarrow |f(x) - f(x')| < \varepsilon$$

開区間 S 上では，連続関数が一様連続とならないことがよくある．たとえば，$f(x) = 1/x$ は連続であるが，$(0, 1)$ 上で一様連続ではない．なぜなら，x が 0 に近づくにしたがって，差 $1/x - 1/(x + \delta)$ はいくらでも大きくなるからである．（したがって，図 3.1 のグラフから明らかなように，この例の場合には，開区間上では極値定理も成り立たない．また，この結果から，開区間上ではハイネ–ボレルの定理も成り立たない．）

しかしながら，**閉**区間上では連続関数は一様連続である．これは，区間 $[0, 1]$ に対して証明すれば十分である．

閉区間上での一様連続性　f が $[0, 1]$ 上で連続ならば，f はその区間上で一様連続である．

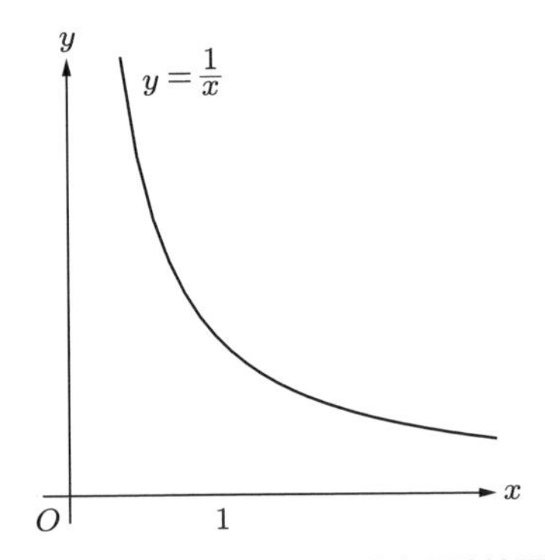

図 3.1　開区間 $(0, 1)$ 上の非有界連続関数

証明　与えられた $\varepsilon > 0$ と任意の $c \in [0, 1]$ に対して，f の連続性から，次の式を満たす $\delta(c) > 0$ が存在する．

$$x, x' \in (c - \delta(c), c + \delta(c)) \Rightarrow |f(x) - f(x')| < \varepsilon$$

すべての $c \in [0, 1]$ に対する開区間 $(c - \delta(c), c + \delta(c))$ は，$[0, 1]$ を覆う．すると，ハイネ–ボレルの定理によって，これらの開区間の中の有限個で $[0, 1]$ を覆うものがある．それらを $I_1, I_2, \ldots, I_n$ とよぶことにする．

このとき，x と x' が同じ I_k に属するならば，$|f(x) - f(x')| < \varepsilon$ である．

$I_1, I_2, \ldots, I_n$ は開区間であるから，それらの中の任意の 2 区間に重なりがあるならば，共通の開区間をもつ．ここで，δ を，$I_1, I_2, \ldots, I_n$ の間の重なりの**最小長**とする．

ここで，x と x' が同じ I_k に属さないならば，それらの間には，重なる区間が少なくとも一つ存在するので，$|x - x'| \geq \delta$ である．その結果，

$$|x - x'| < \delta \Rightarrow x, x' \in \text{同一の } I_k \Rightarrow |f(x) - f(x')| < \varepsilon$$

となり，これは，f が一様連続であることを示している．　□

注意　この証明は，3.5 節で述べた**区間列に対する**ハイネ–ボレルの定理だけを使うように修正できることを知っておくとよい．具体的には，任意の実数に対して，それにいくらでも近い有理数があるので，それぞれの区間 $(c-\delta(c), c+\delta(c))$ の内部に，次の条件を満たす有理数 c^*, d^* を選ぶことができる．

$$c - \delta(c) < c^* < c < d^* < c + \delta(c)$$

すると，それぞれの $c \in [0, 1]$ は有理区間 (c^*, d^*) で覆われているので，$[0, 1]$ 全体が覆われることになる．また，$(c^*, d^*) \subset (c - \delta(c), c + \delta(c))$ なので

$$x, x' \in (c^*, d^*) \Rightarrow |f(x) - f(x')| < \varepsilon$$

が得られ，したがって前と同じように，f は一様連続であると主張できる．

このとき，これらの区間 (c^*, d^*) を順序づけて列にできる．なぜなら，それぞれの区間は有理数の対に対応し，その結果，（2.4 節で説明した自然数の対の符号化によって）自然数に対応するからである．したがって，区間列に対するハイネ–ボレルの定理だけが使えれば十分なのである．（これで，区間の任意の集合が算術化できないという難点を回避できた．）

リーマン積分可能性

一様連続性の証明から，f が $[0, 1]$ 上で連続で，任意の $\varepsilon > 0$ が与えられたとき，$[0, 1]$ を次の式を満たす点 $0 = c_0 < c_1 < c_2 < \cdots < c_{m+1} = 1$ で分割できることがわかる．

$$c_i \leq x, y \leq c_{i+1} \Rightarrow |f(x) - f(y)| < \varepsilon$$

これより，$y = f(x)$ のグラフは，$[0, 1]$ に属するすべての x に対して，その値が高々 ε しか違わない二つの**階段関数**のグラフで挟み込むことができる（図 3.2）．下側の階段関数は，区間 $[c_i, c_{i+1})$ 上で，$[c_i, c_{i+1}]$ 上の f の最小値（これは極値定理によって存在する）に等しい定数値をとる．上側の階段関数は，区

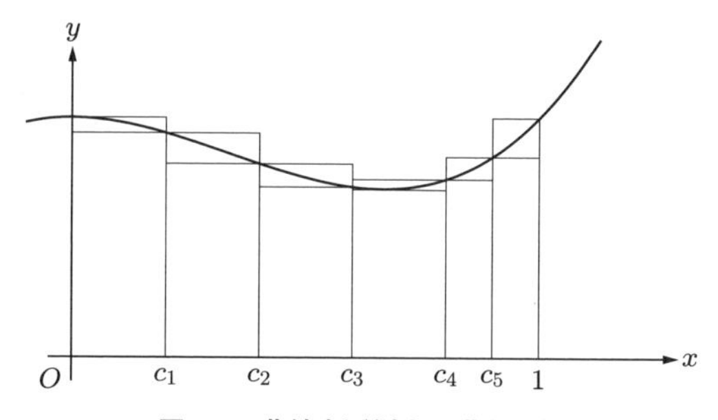

図 3.2　曲線を近似する階段関数

間 $[c_i, c_{i+1})$ 上で，$[c_i, c_{i+1}]$ 上の f の最大値に等しい定数値をとる．

それぞれの階段関数と x 軸に挟まれた部分の面積は，有限個の長方形の和集合としてきちんと定義されていて，上側の階段関数の面積 $\geq$ 下側の階段関数の面積である．また，この二つの面積の差は，いままさに見たように，与えられた任意の ε よりも小さくできる．したがって，それらに挟まれたただ一つの値があり，その値が $[0,1]$ 上の f の**リーマン積分** $\int_0^1 f(x)\,dx$ とよばれるものである．

このように，$[0,1]$ 上の連続関数の一様連続性から，**閉区間上のそれぞれの連続関数はリーマン積分可能である**という系が得られる．

3.8 カントル集合

縮小閉区間列を用いた重要な構成法の一つに，**カントル集合**，あるいは**三進集合**とよばれる構成法がある[†2]．カントル集合は，$[0,1]$ の中央の $1/3$ の開区間 $(1/3, 2/3)$ を取り除き，残った閉区間それぞれに対してさらに中央の $1/3$ の開区間を取り除くという処理を繰り返して構成される．カントル集合の点は，この無限に続く構成法において生じる閉区間の集合すべての共通部分である．最初の 6 段階で得られる閉区間の集合を図 3.3 に示した．

図 3.3 カントル集合を構成する最初の 6 段階

カントル集合のそれぞれの点は，図 3.4 に示した，完全二分木とよばれる木構造の無限に長い道に対応している．

この木構造のそれぞれの頂点には，0 と 1 からなる有限列を使って名前をつけることができる．（0 は「左」を表し，1 は「右」を表す．）したがって，それぞれの無限に長い道は，0 と 1 からなる無限列に対応する．しかしながら，1 の代わりに 2 を使ったほうが扱いやすい．なぜなら，そうするとそれぞれの無限に長い道は，対応する実数の**三進（三進法）展開**になるからである．実際，$[0,1]$

[†2] この考え方とは正確には同じ構成法ではないものの，最初に登場したのは論文 [78] である．

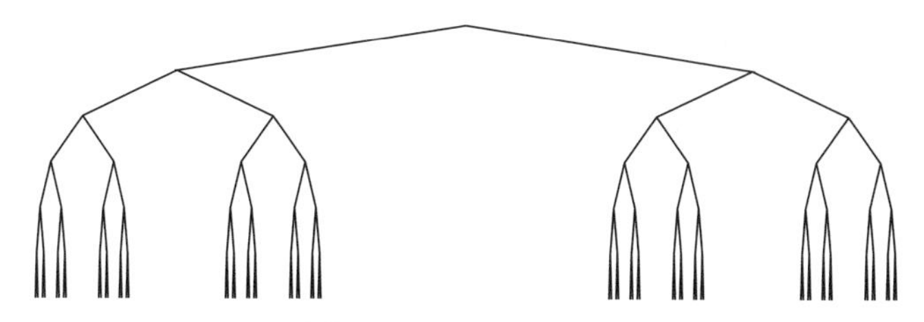

図 3.4　木構造によるカントル集合の構成法

の左側の 1/3 は 0 で始まる三進展開をもつ数で構成され，右側の 1/3 は 2 で始まる三進展開をもつ数で構成され，どの部分区間の左側と右側の 1/3 も，三進展開の次の桁がそれぞれ 0 または 2 であるような数になる．したがって，**カントル集合の点は，三進展開で 0 と 2 だけを含むような数と一致する**．

たとえば，木構造の左半分のもっとも右側の道は，$.022222\cdots$ という三進展開で記述され，これは点 1/3 を表す．また，木構造の右半分のもっとも左側の道は，$.200000\cdots$ という三進展開で記述され，これは点 2/3 を表す．一般に，カントル集合の任意の点は，縮小閉区間列や二分木の無限に長い道，さらには 0 と 2 だけを含む無限三進展開に対応する．

3.9　解析学における木構造

読者は，この章のいくつかの証明において，閉区間を繰り返し 2 等分して，長さがゼロに近づく縮小区間列をつくり，それによって点を定める，という方法が用いられていることに気づいているだろう．2 等分を繰り返すことによって得られるすべての区間の集合は，図 3.5 に示したような**木構造**とみなすと都合がよい．

この木構造では，最上位の頂点が全区間（典型的には $[0,1]$）を表し，その直下にある頂点は，全区間を 2 等分することによって得られた部分区間を表している．これを繰り返して，それぞれの頂点の直下には 2 個の頂点があるようにできる．これが，この木構造が**完全二分木** B とよばれる理由である．$[0,1]$ に属する点は，ある縮小閉区間列に対応するので，B においては**無限に長い道**に対応することになる．たとえば，この完全二分木のもっとも左側の無限に長い道は，次の区間列に対応する．

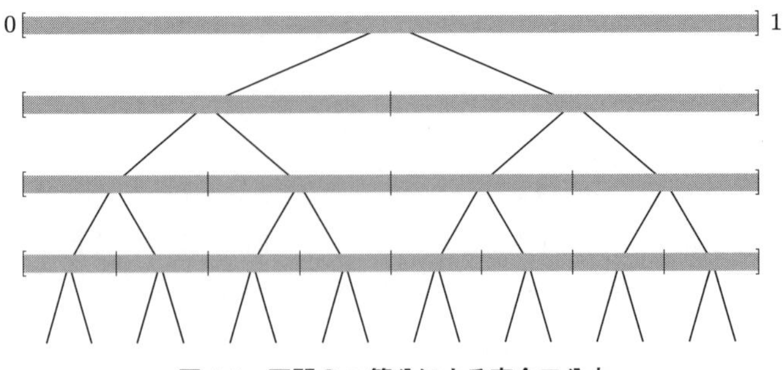

図 3.5　区間の 2 等分による完全二分木

$$[0,1] \supset [0,1/2] \supset [0,1/4] \supset [0,1/8] \supset \cdots$$

この区間列で定まる点は 0 である．

ここまでの証明では，特別な論法に頼って無限に長い道を見つけたが，実はケーニヒによって，そのような道の存在を判定する一般的な条件が示されている [52]．それは，**有限分岐木**に関するものである．有限分岐木 T は，最上位の頂点を v_0 とし，v_0 は有限個の新たな頂点 $v_1, \ldots, v_k$ と辺で結ばれる．一般には，それぞれの頂点 v_m は有限個の新たな頂点 v_n と辺で結ばれ，辺はこれらだけしかないようなグラフと定義できる．その一例を図 3.6 に示す．

ケーニヒによる重要な定理は，**有限分岐木が無限個の頂点をもてば無限に長い道がある**というものである [52]．これを**ケーニヒの（無限）補題**，または**強**ケーニヒの補題とよぶ．その証明は，ボルツァーノ－ワイエルシュトラスの

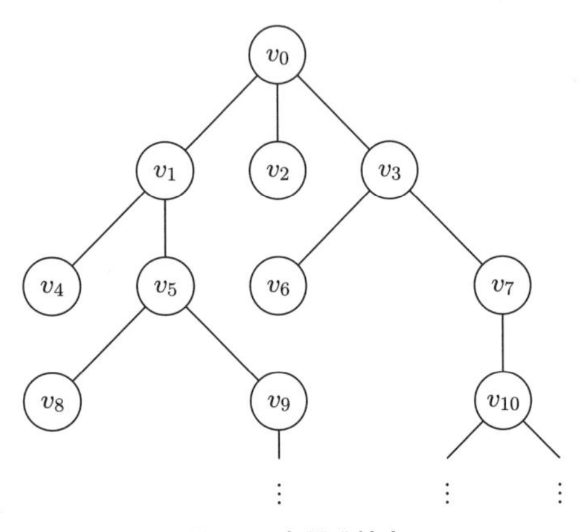

図 3.6　有限分岐木

定理やハイネ–ボレルの定理の証明と似ていて，無限集合を有限個の部分に繰り返し分割するものである．具体的には，T は無限個の頂点をもつので，v_0 から出ていく有限個の辺のうちの一つは，無限個の頂点をもつ部分木 T_1 につながっている．同じ論法を使うと，T_1 の最上位の頂点から出ていく有限個の辺のうちの一つは，T_1 の無限個の頂点をもつ部分木 T_2 につながっている．この論法をどこまでも繰り返すことで，T の無限に長い道が得られる．

弱ケーニヒの補題は，T が完全二分木の部分木であるような特別の場合である．この章のここまでの結果は，多くの解析学の基本的な定理の背後には，弱ケーニヒの補題があることを示唆している．しかし，驚くべきことに，ボルツァーノ–ワイエルシュトラスの定理は，弱ケーニヒの補題ではなく，強ケーニヒの補題と同値になる．これは第 7 章で確かめる．

強ケーニヒの補題は，2.3 節の最小上界性やコーシーの収束判定条件など，$\mathbb{R}$ の完備性を示すいくつかの性質とも同値である．このように，**木構造は解析学のカギとなる概念であるが**，逆数学が脚光を浴びるまで，この事実はあまり認識されていなかった．

木構造の算術化

二分木や有限分岐木において，最上位の頂点から与えられた本数の辺だけ離れた頂点が有限個しかないことは明らかである．したがって，それらの頂点は，最上位の頂点から辺 1 本分離れた頂点を枚挙し，つぎに辺 2 本分離れた頂点を枚挙する，ということを繰り返して，すべて枚挙できる．これは，このような木構造が自然数の集合によって符号化でき，その結果，前章で記述した算術化の対象範囲に持ち込めることを意味する．

6.4 節では，木構造を算術化する具体的な方法について論じる．さしあたっては，木構造が**語**あるいは記号列の集合によってどのように符号化できるかがわかれば十分である．完全二分木は，図 3.7 で示したように，頂点を 0 と 1 からなる文字列で符号化するのがもっとも自然である．

最上位の頂点には空文字列で名前をつけ，その直下にある左側の頂点には 0，右側の頂点には 1 と名前をつける．一般に，σ と名前づけされた頂点の直下の左側の頂点には $\sigma 0$，右側の頂点には $\sigma 1$ と名前をつける．すると，**二分**

木 T は，この二進文字列の集合の部分集合で，$\sigma 0 \in T$ または $\sigma 1 \in T$ ならば $\sigma \in T$ であるという性質をもつものと定義できる．図 3.8 の例は，$T = \{$ 空文字列$, 0, 1, 00, 01, 10, 010, 100, 101, \ldots\}$ を表している．

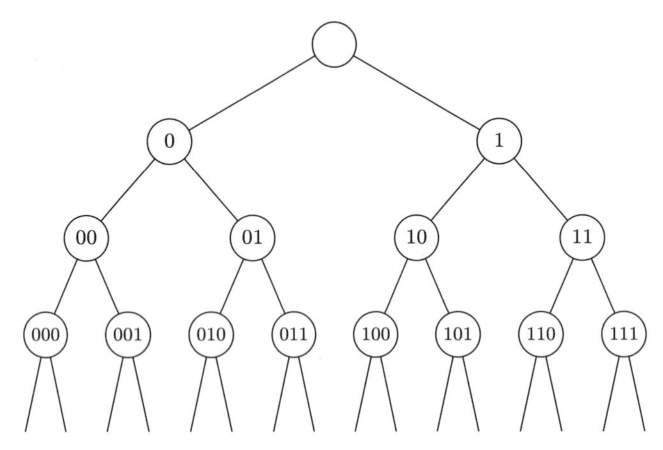

図 3.7　完全二分木の頂点に名前をつける

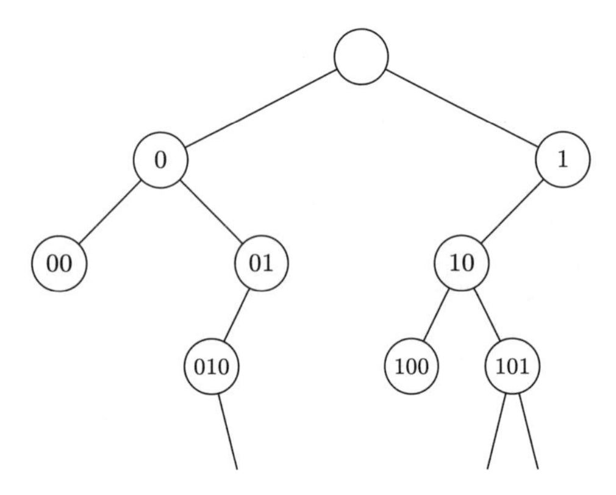

図 3.8　二分木

第4章
計算可能性

Computability

この章では，RCA_0 とよばれる体系を用いた，解析学に対する構成的なアプローチを，第7章に先取りして紹介する．RCA は "recursive comprehension axiom"（再帰的内包公理）の頭文字で，"recursive"（再帰的）はこの文脈では "computable"（計算可能）を意味する．RCA_0 の目標は，有理数についての**計算可能**な演算を用いて，実数や連続関数などの解析学の基本的な概念を表現することである．したがって，RCA_0 に対する準備として，有理数の計算可能列と計算可能集合を調べる必要がある．

ここでは，計算可能性理論の基本的な結果を示す．その結果の多くは，計算可能解析学の限界を明らかにすることを目的とした，計算可能**でない**列や計算可能**でない**集合に関するものである．これらの例としてカギとなるのが，計算可能ではない極限をもつ有界な有理数の計算可能列と，計算可能な無限に長い道をもたない計算可能な木構造の二つである．

計算可能性は，独特の数学的概念である．なぜなら，多くの場合，意識せずに使われるからである．厳密に定義が当てはめられるよりも，単に人間の行為として語られることが多い．しかし一方で，計算可能性の厳密な定義は**存在する**ので，私たちが普段どのように計算しているかを定式化できる．次章では，そのような2通りの定式化と，それらの同値性の証明の概略を紹介する．

計算可能性の概念を解析学に適用しようとする際に，もっとも適切な**計算的枚挙可能集合**の定義は，2.8節で述べた Σ_1^0 集合の定義である．計算可能性の概念と，算術的に定義可能な集合のもっとも単純なクラスである Σ_1^0 が適合することは，解析学と計算可能性が次章で詳しく調べるような共通の算術的基礎をもつことを示している．

4.1 計算可能性とチャーチの提唱

1900年あたりから，数学者らは**アルゴリズム**の存在に関する問題を提示し始めた．その一例は，ヒルベルトの第10問題である．こうよばれるのは，1900年にパリで開催された国際数学者会議でヒルベルトが提示した問題一覧の10番目であったからである．この問題の英訳は，書籍[49]で見ることができるが，次のように書かれている．

> 任意個数の未知数を含んだ有理整数係数のDiophantus方程式について次の問題を提出する：**その方程式が，有理整数の範囲で解けるかどうかを，有限回の演算で決定できるような，一般的算法を見つけよ**[†1]．

ヒルベルトの述べた「ディオファンタス方程式」とは，多項式で定まる方程式で，その整数解を求めようとするものである．この「有限回の演算で」解の存在を判定する「算法」は，私たちが**アルゴリズム**とよんでいるものである．つまり，ヒルベルトは，任意の整係数多項式による方程式に対する整数解の存在を判定する**計算機プログラム**を求めていたということもできる．

そのようなアルゴリズムが発見できれば，ヒルベルトの第10問題の肯定的な答えとなったのだが，その答えは否定的であることがわかっている．すなわち，**任意の多項式** $p(x,y,z,\ldots)$ **に対して，方程式** $p(x,y,z,\ldots)=0$ **が整数解をもつかどうかを判定するアルゴリズムは存在しない**．この結果は，マティアセヴィッチによるもの[55]で，アルゴリズムの数学的定義が見つかって，ようやく証明することができた．1900年には，そのような定義が可能なことすら知られていなかった．アルゴリズムの最初の定義は，1920年代にポストによって，形式論理学の過程を分析する中で発見された．しかし，ポストはその定義を発表していない．（論文[65]を参照のこと．）なぜなら，アルゴリズムあるいは計算という曖昧な概念が，彼の定義によって完全に表現されていることを証明するのは不可能だと思ったからである．実際にアルゴリズムの概念が表現されていると

†1 訳注：邦訳は，一松信訳・解説『ヒルベルト 数学の問題 増補版』（共立出版，1972）による．

数学者が確信するに至ったのは，チャーチ [18] とチューリング [88] がそれぞれ独立に同値な定義を提唱した後だった．この定義は，ポストの定義とも同値であった．

アルゴリズムの厳密な定義は，計算の概念を厳密に分析したチューリングによる方法を用いて次章で示す．ここで重要なのは，どの定義にしても次のような**一般的な特徴**があると理解することである．

1. それぞれのアルゴリズムは，有限のアルファベットによる有限の記号列で書くことができる．
2. それぞれのアルゴリズムは，有限のアルファベットによる有限の記号列である**入力**を受けつける．
3. それぞれの入力に対して，アルゴリズムは一連の**ステップ**を実行し，同じ入力に対してはつねに同じステップが実行される．この一連のステップの連続を，与えられた入力に対するこのアルゴリズムの**計算**とよぶことがある．
4. 計算が停止するときには，**出力**文字列が存在し，それは入力文字列の関数と解釈できる．
5. アルゴリズムが記号列として与えられるとき，その解釈は一様に決まる．したがって，与えられたアルゴリズム A と入力 I に対して，入力 I に対するアルゴリズム A の計算を再現するような**万能アルゴリズム**が存在する．

次の 2 種類のアルゴリズムは，非常に重要である．

- 入力記号列と出力記号列が数項であるようなもの．この場合，そのアルゴリズムは，（正整数の）**計算可能関数**を定義する．
- 入力記号列が「はい」か「いいえ」で答えられる問いで構成される集合 $\mathcal{P}$ で，出力記号列が YES と NO という語であるようなもの．この場合，**問題** $\mathcal{P}$ に対するアルゴリズムがある．このアルゴリズムは，$\mathcal{P}$ のそれぞれの問いに対して正しい答えを出力するならば，$\mathcal{P}$ を**解く**という．そのとき，YES という答えになる問いの集合を**計算可能集合**という．

アルゴリズムの計算がそれぞれの入力に対して停止することは，必ずしも要求されないことに注意しよう．この自由度のある定義を用いる理由は，それぞれの入力に対してアルゴリズムが停止するかどうかを決定することは，それ自体が難しい問題だからである．実際には，このあとすぐにわかるように，**それはどのようなアルゴリズムでも解くことのできない問題である**．このことから，あとでわかるように，アルゴリズムのクラスをすべての入力に対して停止するようなものに制限してもうまくいかない．アルゴリズムの概念を完全にとらえるには，停止しないアルゴリズムも含めて考えるしかないのである．

このことから，アルゴリズムによって計算可能な関数には，その定義域が $\mathbb{N}$ の一部であるようなものも含まれる．こうした理由によって，このような関数は**計算可能部分関数**とよばれる．**計算可能関数**という用語は，通常，定義域が $\mathbb{N}$ であるようなものに対して使われる†2．その関数がすべての正整数に対して定義されていることを強調したいときには，**計算可能全域関数**とよぶこともある．

ポスト，チャーチ，チューリングによるさまざまなアルゴリズムの定義がアルゴリズムの実体を浮かび上がらせているという仮説は，チャーチによって提示された [18] ことから，**チャーチの提唱**として知られている．すでに注意したように，（ある問題に対する）アルゴリズムが**存在しえない**ことを証明したいときには，この仮説が必要である．しかし，チャーチの提唱によって，厳密に定義されていないアルゴリズムであっても，その**存在**は証明できる．厳密にではなくてもアルゴリズムを記述できるのであれば，そのアルゴリズムはきちんと定式化できるはずだと考えてよいのである．

アルゴリズムの重要な特徴として，算術の言語で符号化できるという点が挙げられる．これは，直感的には明らかでない．これについては，第5章でさらに述べる．ここでは，アルゴリズムと数の間に，表面的ではあるが便利な結びつきがあることを注意しておこう．すなわち，**すべてのアルゴリズムの計算可能な列** $A_1, A_2, A_3, \ldots$ **があり**，したがって，それぞれのアルゴリズムには番号が割り当てられる．それぞれのアルゴリズムは，有限のアルファベットの文字を使った記号列によって表現されるので，このような記号列をすべて枚挙できれば十分である．これは，まず1文字の語を（たとえば辞書式順序で）並べ，つぎに2文字の語というように続けることによって，すべての記号列を枚挙できる．現在知られているアルゴリズムのすべての定義において，記号列がアル

---

†2 訳注：$\mathbb{N}$ は0を含む自然数である (p.21)．この章では，計算可能関数の定義域を $\mathbb{N}$ と考える場合と，正整数全体と考える場合があるので注意を要する．

ゴリズムとして意味があるかどうかは簡単に判定できる．これは，プログラムが構文的に正しいかどうかを確かめるときに，計算機が行っていることである．したがって，アルゴリズムとして意味をなさない記号列をすべて除けば，すべてのアルゴリズムの列 $A_1, A_2, A_3, \ldots$ を計算できる．

これは，原理的にはとても簡単である．難しいのは，アルゴリズムを見て，実際に何を**計算する**かを判定することである．

4.2　停止性問題

次のような問いから構成される問題を考える．この問題を**自己検査問題**とよぶ．

> Q_n：アルゴリズム A_n は，入力 n に対して NO という答えを出力するか．

A がこの問題自体を解くようなアルゴリズムだと仮定しよう．A には，問いの代わりに数 n が与えられるとしてもよい．なぜなら，問い Q_n は数 n から再構成できるからである．そうすると，それぞれの入力 n に対して，A_n が入力 n に対して NO を出力するならば A は YES を出力し，そうでなければ A は NO を出力する．

ここで，A はアルゴリズムなので，ある数 m に対して $A = A_m$ である．A_m に m を入力すると，どうなるだろうか．A_m が NO を出力するならば，問い Q_m に対する答えは肯定的であり，したがって，A_m は YES を出力しなければならないが，これは矛盾である．Q_m に対する答えが否定的である場合も，同じように矛盾が生じるので，アルゴリズム $A = A_m$ は，問い Q_m に対して正しく答えることはできない．したがって，A は自己検査問題を解くことができず，矛盾が生じる．

この問題は，ある問題を解くアルゴリズムをそれ自体に適用したときに何が起こるかを表しているので，「自己検査問題」とよばれる．A_n が停止するならば，何が出力されるかはわかる．したがって，与えられた入力に対して，**A_n が停止するかどうかさえわかれば，問い Q_n に対する答えがわかる**．これは**停止性問題**とよばれ，決定不能でなければならない．なぜなら，そうでなければ，自己検査問題が解けてしまうからである．

停止性問題は，チューリングによって最初に決定不能であることが証明された [88]．（この証明では，チューリング自身の計算の定義が使われたが，それには前述の自己検査問題と同じような論法が使われた．）このあとでわかるように，決定不能性の証明の背後にある「自己参照」という考え方は，非計算可能性や決定不能の証明においてカギになる．

4.3　計算的枚挙可能集合

計算可能関数と決定可能性問題の概念に密接に関連するものとして，**計算的枚挙可能集合**の概念がある．直観的には，集合 X のすべての元の**列** $x_1, x_2, x_3, \ldots$ をつくり出すような（通常は停止しない）計算が存在するならば，X は計算的枚挙可能とよばれる．計算可能関数の概念を用いた計算的枚挙可能集合 X の定義には，次のように同値なものがいくつかある．

1. X は，（空でないならば）定義域が正整数であるような計算可能全域関数 f の値域である．この場合，X の元の列は，列 $f(1), f(2), f(3), \ldots$ として得られる．
2. X は，（無限集合ならば）定義域が正整数である**単射**（すなわち 1 対 1）計算可能全域関数 g の値域である．具体的には，前述の定義と同じく，$f(1), f(2), f(3), \ldots$ を計算するが，$f(n)$ がそれまでに列に現れた f のすべての値と異なることを確認しなければ，$f(n)$ を列に追加できない．そして，この列に追加した m 番目の要素を $g(m)$ とする．
3. X は，計算可能部分関数 Φ の**定義域**である．ただし，Φ は次のアルゴリズムによって計算される．与えられた入力 k に対して，値 $f(1), f(2), f(3), \ldots$ を順に計算する．このうちの一つが k であることがわかれば，$\Phi(k) = 1$ とする．

   逆に，Φ が任意の計算可能部分関数であれば，その定義域の要素は，次のようにして「段階的」な計算によって列挙できる．第 n 段階では，$\Phi(1), \ldots, \Phi(n)$ のそれぞれの計算を n ステップ実行する．この段階で，ある $\Phi(k)$ の計算が停止するならば，k を列に追加する．

これら三つの定義において，列の要素 $x_1, x_2, x_3, \ldots$ または $f(1), f(2), f(3), \ldots$ が正整数であることは仮定していない．それらは有理数であってもよいし，有限のアルファベットの語を用いて名前がつけられる任意の対象であってもよい．しかしながら，それらが正整数であると仮定しても一般性は失われない．なぜなら，有限のアルファベットによる語は正整数によって符号化でき，その長さと（それぞれの長さにおける）辞書式順序で枚挙できるからである．以降では，とくに断わらなければ，計算的枚挙可能集合の元は正整数であると仮定する．

計算的枚挙可能集合の中には，**所属問題**が決定可能であるような集合 X がある．すなわち，それぞれの正整数 k に対して，$k \in X$ かどうかを判定するアルゴリズムが存在する．このような集合は**計算可能**とよばれる．前述の概念を使った，計算可能集合と同値な定義として次のものがある．

1. X の**特性関数**，具体的には

$$x(n) = \begin{cases} 1 & (n \in X \text{ の場合}) \\ 0 & (n \notin X \text{ の場合}) \end{cases}$$

   は計算可能である．

2. X は，（無限集合ならば）正整数の**増加**計算可能関数 f の値域である．

   $f(n)$ を計算するためには，$x(i)$ の値が 1 に等しいものが n 個見つかるまで，$x(1), x(2), x(3), \ldots$ を順に計算する．$x(m)$ が 1 に等しい n 番目の値ならば，$f(n) = m$ とする．（したがって，m は X の昇順で n 番目の元である．）このとき，f の値域は X に等しい．

   逆に，X が増加計算可能関数 f の値域ならば，$f(n) \geq m$ となる値が見つかるまで $f(1), f(2), f(3), \ldots$ の値を計算することで，与えられた m が X に属するかどうかを判定できる．すると，これらの値の一つが m に等しいとき，そしてそのときに限り，$m \in X$ である．

3. X とその補集合 $\mathbb{N} - X$ は，ともに計算的枚挙可能集合である．

   これら二つの集合がともに計算的枚挙可能であれば，両方の集合を同時に枚挙していくことができる．この二つの集合を合わせるとすべての正整数を含むので，与えられた任意の n は，この二つの集合の一方にいつかは現れる．そうすると，n が X に属するかどうかがわかる．

   逆に，X が計算可能で，その特性関数を x とすると，X と $\mathbb{N} - X$ の両方

の枚挙を計算できる．具体的には，$x(1), x(2), x(3), \ldots$ の値を計算し，$x(n) = 1$ ならば n を X に属するものとして列挙し，$x(n) = 0$ ならば n を $\mathbb{N} - X$ に属するものとして列挙する．

これらの結果が最初に示されたのは，ポストによる計算的枚挙可能集合の最初の論文 [66] である．（いまでは「計算可能」という語を使うところに「再帰的」という語が使われたので，当時は，「再帰的枚挙可能集合」とよばれていた.）また，ポストは，計算的枚挙可能だが計算可能でない集合の例も見つけた．この例の基本的なものは，前節の「自己検査問題」の決定不能性の証明に使われた「自己参照」論法との類似から得られた．

ポストの基本的な例や，あとで構成するほかの例を記述するために，計算可能部分関数の考え方を導入する．与えられたアルゴリズムの枚挙 $A_1, A_2, A_3, \ldots$ に対して，アルゴリズム A_k によって計算された正整数の計算可能部分関数を Φ_k とする．したがって，$\Phi_k(n)$ の値は，入力として n に対する数項が与えられたときのアルゴリズム A_k の出力である．

4.1 節のアルゴリズムの性質 5（万能性）から，$\Phi_k(n)$ は k と n の 2 変数関数として計算可能である．$\Phi_k(n)$ を計算するために，A_k が現れるまでアルゴリズムの一覧を生成し，入力 n に対して A_k を実行する．これで，ポストの例を述べる準備ができた．その例の計算的枚挙可能集合から，決定不能な所属問題が生じる．

計算的枚挙可能だが計算可能でない集合　$D = \{k \mid \Phi_k(k) = 0\}$ とすると，D は計算的枚挙可能であるが，計算可能ではない．

証明　$\Phi_k(n)$ は k と n の計算可能部分関数なので，$\Phi_k(k)$ も計算可能部分関数である．したがって，D は計算的枚挙可能集合である．すなわち，n 段階では $\Phi_1(1), \ldots, \Phi_n(n)$ の計算を n ステップ行い，任意の段階で $\Phi_k(k) = 0$ が見つかれば k を一覧に加えるという計算によって，D の元を列挙できる．

ここで，D が計算可能であると仮定する．このとき，その特性関数

$$d(m) = \begin{cases} 1 & (m \in D \text{ の場合}) \\ 0 & (m \notin D \text{ の場合}) \end{cases}$$

は計算可能であり，したがって，ある k に対して $d = \Phi_k$ である．しかし，D の定義によって，次のような矛盾が生じる．

$$k \notin D \;\Leftrightarrow\; d(k) = 0 \;\Leftrightarrow\; \Phi_k(k) = 0 \;\Leftrightarrow\; k \in D$$

したがって，D は計算可能ではない． □

計算的枚挙可能だが計算可能ではない集合の存在は，計算可能集合だけを許容する体系 RCA_0 における解析学の取り扱いに影響を与えた．自然に現れる多くの（通常は有理数の）列 $r_1, r_2, r_3, \ldots$ は計算的枚挙可能であるが，必ずしも計算可能ではない．このような数列を RCA_0 で「表現」するため，これを自然数と有理数の対の集合 $S = \{\langle n, r_n\rangle \mid n \in \mathbb{N}\}$ によって符号化する．$r_1, r_2, r_3, \ldots$ は計算的枚挙可能なので，$f(n) = r_n$ となる計算可能関数 f が存在する．すると，対の集合 S は計算可能である．なぜなら，$f(n)$ を計算し，それが r と等しいかどうかを見ることによって，$\langle n, r\rangle$ の形式をした対が S に属するかどうかを判定できるからである．しかしながら，数列 $r_1, r_2, r_3, \ldots$ の**極限**の計算では，話は違ってくる．

4.4　解析学における計算可能列

計算可能な対象はもっとも「具体的」な無限であり，したがって，解析学が計算可能な実数と計算可能な関数だけを扱うのであれば，何も問題はなかった．実際，$\sqrt{2}, \pi, e$ のようなもっともよく知られた無理数も，10 進展開の n 桁目が n の計算可能関数であるという意味では，計算可能である．第 7 章「計算可能解析学」でさらに詳しく調べるが，解析学は完全には計算可能とはならないことが簡単にわかる．有理数の計算可能列 $r_1, r_2, r_3, \ldots$ として，r_n が n の計算可能関数であるようなものをとると，次のことが得られる．

計算可能でない極限をもつ有理数の計算可能列　有理数の計算可能列で，その極限の 2 進展開の n 桁目が n の計算可能関数でないようなものが存在する．

証明　D を（前節で見つけたような）計算的枚挙可能だが計算可能ではない

集合とするとき，D を値域とする単射計算可能全域関数 f をとる．この f から，次のような有理数 r_n の計算可能列 $r_1, r_2, r_3, \ldots$ が得られる．

$$r_n = \sum_{i=1}^{n} 2^{-f(i)}$$

実際には，r_n は $f(1), \ldots, f(n)$ 桁目が 1 であり，それ以外の桁は 0 になるような有限二進展開をもつ．そして，この数列の極限の二進展開は，$k \in D$ であるような k 桁目が 1 であり，それ以外の桁は 0 になる．したがって，この二進展開は D の特性関数 d を符号化する．D の特性関数が計算可能でないことはわかっているので，この極限の二進展開も計算可能ではない．□

この例は，多くのことを示している．そのうちの一つは，有理数の計算可能な**増加**列は，計算可能な最小上界をもたない可能性があるということである．なぜなら，r_n の定義から，あきらかに $r_{n+1} > r_n$ となるからである．したがって，計算可能な実数は，ボルツァーノが述べたような古典的な意味 [6] では「完備」ではない．ボルツァーノは，中間値の定理を証明する際に，実数の任意の有界集合が最小上界をもつことを仮定した．1858 年に得たアイデアをまとめたデデキントは，2.3 節で見たように，この最小上界性がほぼ自明になるようなやり方で実数を定義した [23]．もちろん，これらの結果は，計算可能性が理解されるよりもずっと前に証明されていたし，もっといえば，解析学の問題であると考えられていた．

前章で，縮小閉区間列の完備性を用いることにしたのは，「最小上界の完備性」がうまくいかないからである．第 7 章でわかるように，ただ一つの共通点をもつような縮小閉区間の計算可能列に対して，その共通点は計算可能である．したがって，第 7 章の体系 RCA_0 において，解析学を計算可能な演算に限定しても，実数の縮小閉区間を使うことができる．

しかしながら，前述の例は，**$\mathbf{RCA_0}$ では最小上界原理が証明可能でないこと**を示している．前述の計算可能列は，5.10 節で構成する，RCA_0 のモデルに属する対 $\langle n, r_n \rangle$ の計算可能集合によって符号化できる．その RCA_0 のモデルの集合は，すべて計算可能集合である．しかし，その計算可能列の極限点は，計算可能ではなく，このモデルに**属さない**．したがって，このモデルでは，「すべての有界列は最小上界（上限）をもつ」という主張は成り立たない．

4.5　計算可能な道をもたない計算可能な木構造

3.9 節で，解析学の多くの基本的な結果が**弱ケーニヒの補題**に基づいていることを確かめた．弱ケーニヒの補題は，無限二分木が無限に長い道をもつという主張である．これらの結果は，計算可能解析学においては問題になる．実際，これらの結果を証明するためには新たな公理が必要になる．なぜなら，計算可能な無限木が計算可能な無限に長い道をもつとは限らないからである．この節では，その一例を示す．

まず，**計算的分離不能**な計算的枚挙可能集合 A と B の対を構成する．計算可能全域関数 f は，f のとる値が 0 と 1 だけであり，

$$f(n) = \begin{cases} 1 & (n \in A \text{ の場合}) \\ 0 & (n \in B \text{ の場合}) \end{cases}$$

となるとき，集合 A と B を**分離する**という．（大雑把にいえば，f は，それぞれの入力となる数に対して YES または NO を出力する機械で，A に属する数に対しては必ず YES を出力し，B に属する数に対しては必ず NO を出力するようなものである．）ここで，4.3 節で順序づけた計算可能部分関数 $\Phi_1, \Phi_2, \Phi_3, \ldots$ を用いて，A と B を定義する．具体的には，次のように定義する．

$$A = \{k \mid \Phi_k(k) = 0\}$$
$$B = \{k \mid \Phi_k(k) = 1\}$$

これらの集合は，どのような計算可能関数 f でも分離できない．任意の計算可能関数 f は，ある k に対して $f = \Phi_k$ なので，f が A と B を分離するならば，

$$\Phi_k(k) = 0 \;\Rightarrow\; k \in B \;\Rightarrow\; \Phi_k(k) = 1$$
$$\Phi_k(k) = 1 \;\Rightarrow\; k \in A \;\Rightarrow\; \Phi_k(k) = 0$$

でなければならない．このようにして，$\Phi_k(k)$ がどちらの値でも矛盾が生じる．それゆえ，A と B を分離する計算可能な f はない．

ここで，この集合 A と B を使って無限二分木 T を構成する．T の無限に長い道は，それを 0 と 1 からなる列と解釈すると，A と B を分離する．それゆえ，T の無限に長い道は計算可能ではない．

計算可能な無限に長い道をもたない計算可能な木構造 無限二分木 T で，その頂点は計算可能集合を構成し，その無限に長い道はすべて集合 A と B を分離するようなものが存在する．

証明 3.9 節と同じように，完全二分木を 0 と 1 からなる有限列すべての集合とみなす．頂点の部分集合 T は，T の元よりも上方にあるいかなる頂点も T に属するならば，**部分木**という．T の**無限に長い道**は，0 と 1 の無限列，すなわち，0 または 1 を値とする関数 $\sigma(n)$ で，その有限始切片がすべて T の頂点であるようなものである．無限に長い道が，A と B を**分離する**関数 σ であるような木 T を構成しよう．ここで，A と B を分離するとは，$n \in A$ ならば $\sigma(n) = 1$ になり，$n \in B$ ならば $\sigma(n) = 0$ になるという意味である．

T を計算するために，第 n 段階では，第 n 階層のどの頂点が T に属するかを決めることで，段階的に T を構成する．また，第 n 段階で第 n 階層のどの頂点を T に入れるかを決めるため，第 n 段階までに見つかった元を用いて段階的に A と B を枚挙する．この考え方は，それまでに見つかっている A と B の元（これは n 以下と仮定できる）を「分離」するような頂点を選び出すというものである．たとえば，第 5 段階までに，1 と 3 は A に属し，4 は B に属することがわかったと仮定しよう．このとき，$v = 1{*}10{*}$ という形式（ただし，$*$ は 0 または 1 を表す）の任意の頂点は，そこまでに見つかった A と B の一部を「分離」する．なぜなら，v は 1 番目と 3 番目の値が 1 であり，4 番目の値が 0 だからである．それゆえ，この形式の 4 個の頂点はすべて T に入る．

v を T に入れるときには，v の上方にあるすべての頂点はすでに T に属していることに注意しよう．なぜなら，これらの頂点も，これよりも前の段階で，A と B の一部を「分離」しているからである．このことから，集合 T は木構造になることが導かれる．また，T は計算可能である．なぜなら，与えられた頂点 v が T に属するかどうかは，v が第 n 階層にあることを見つけて，前述の計算を第 n 段階まで実行すれば判定できるからである．

このとき，B から A を分離する完全二分木の中の道 σ を考える．すなわち，それぞれの $n \in A$ に対して $\sigma(n) = 1$ であり，それぞれの $n \in B$ に対して $\sigma(n) = 0$ である．σ の第 n 階層にある頂点 s は，n 以下の A と B の元を分離し，したがって s は T に属する．これが σ のすべての頂点に対して成り立つので，無限に長い道 σ 全体も T に含まれる．逆に，無限に長い道 τ が B から A を分離**しない**ならば，ある $n \in A$ に対して $\tau(n) = 0$ である，あるいは，ある $n \in B$ に対して $\tau(n) = 1$ である．このとき，τ の第 n 階層の頂点 t，もしくは，それよりも下方にある τ 上のある頂点は，T に入ら**ない**．なぜなら，n が A または B の元として列挙された段階で，t は B から A を分離しないことがわかるからである．結果として，B から A を分離しないような無限に長い道 τ は，T に含まれない．

まとめると，T に属する無限に長い道は，B から A を分離する道と完全に一致し，したがって，（A と B の計算的分離不能性によって）T の無限に長い道はすべて計算可能ではない．□

4.6　計算可能性と不完全性

本書の中心となるテーマは，重要な定理を証明するための「正しい公理」を探すということである．しかし，ある定理を証明しようとするいくつかの公理系に生じる**不備**も，一つのテーマである．そもそも，すべての定理を証明できる疑いようのない公理系があったとしたら，「正しい公理」という問いは持ち上がりはしなかったはずである．この問いを避けることができないのは，公理系は**本質的に**不完全だからである．数学のいかなる無矛盾な公理系も，いくつかの定理を証明することはできない．したがって，その欠けている定理を証明するために，新たな公理を必要とせざるをえない．

1.6 節で述べたように，不完全性は計算の概念と密接に関連している．ここでは，定理を計算的に枚挙するアルゴリズムとして**形式体系**を定義することによって，この主張を精緻化しよう．形式体系の対象範囲には，実際に使用されている公理系だけでなく，それなりに形式的だと認められているような定理生成系もすべて含まれている．

4.3 節の計算的枚挙可能だが計算可能ではない集合 D を使うと，証明不可能な文がどのように生じるかが簡単にわかる．D は計算的枚挙可能だがその補集合はそうではないので，「$n \notin D$」という形式をしたすべての真な文を計算的に枚挙することはできない．しかし，定義より，形式体系は定理を計算的に生成するので，形式体系 $\mathcal{F}$ で，その定理が「$n \notin D$」という形式をした真な文をすべて含むようなものは（$\mathcal{F}$ が**健全でなく**，偽な文も生成するのでなければ）存在しない．したがって，形式体系というものを「定理を生成する機械」と大雑把に解釈すれば，健全な形式体系の不完全性は，集合 D の存在からのほぼ自明な帰結といえる．一般的な形式での不完全性はポストによって 1920 年代に発見され，ポストはその論法を論文 [66] で世に広めた．

ゲーデルは，これよりもさらに技術的な論法を使って，著しく強い形の不完全性を再発見した[37]．それは，PA のような**算術**の形式体系は不完全であるというものである．ゲーデルの不完全性は，**計算の算術化**によって，ポストの不完全性から導くことができる．次章では，この詳細について述べる．この算術化の結果が示しているのは，計算的枚挙可能集合についての文は，PA の言語による文に翻訳できるということである．すなわち，「$n \notin D$」という形式をした証明不可能な文を見つける代わりに，自然数の足し算と掛け算についての証明不可能な文を見つければよいのである．

ゲーデルの定理は，きわめて初等的なレベルで不完全性が存在することを明らかにしたが，残念ながら，ゲーデルの構成法によって提示された証明不可能な文は，本質的に興味深いものではなかった．それらの文は，PA について，たしかに論理学者が知りたかった事柄を明らかにしたが，数論学者が知りたかった数についての事実を明らかにはしなかった．この詳細については，8.3 節を参照のこと．

4.7 計算可能性と解析学

自然数の集合に対する変数を導入して，PA を解析学の体系に拡張するときに，**興味深い**証明不可能な文が生じる．そして，第 2 章で見たように，無限列と連続関数について述べることが可能になる．したがって，無限列と連続関数に関する定理について，どれが証明可能なのかを問うことができる．その答えは，どの**集合存在公理**を採用するかに依存している．

妥当な集合存在公理のうちでもっとも単純なのは，自然数の計算可能集合が存在するというものである．計算の算術化は，計算可能集合が PA の言語によって自然に記述されることを示している．すなわち，計算可能集合は，2.8 節で定義した Σ_1^0 かつ Π_1^0 であるような集合である．このようにして，この集合存在公理は自然に PA に追加され，「計算可能解析学」の体系 RCA_0 が得られる．しかしながら，計算可能集合が存在することだけを要求すると，その結果として得られる公理系は，D のような**非**計算可能集合の存在を証明できないことがすぐにわかる．さらに興味深いことに，4.4 節で見たように，有理数のすべての有界な単調列に極限が存在することも証明できない．したがって，不完全性の自然な具体例として，すべての有界な単調列は極限をもつという**単調収束定理**は計算可能解析学では証明可能ではないことがわかる．

5.10 節と第 7 章では，計算可能解析学の体系 RCA_0 をさらに展開する．あきらかに不完全であるにもかかわらず，RCA_0 は非常に有用な体系である．それは，もしかするとその不完全さが理由かもしれない．RCA_0 は，解析学の重要な定理の中でも，中間値の定理や代数学の基本定理など，二，三の定理しか証明できない．しかし重要なのは，RCA_0 は，それが無条件には証明できない定理の間の**同値性**を証明できるということである．たとえば，RCA_0 は単調収束定理とボルツァーノ－ワイエルシュトラスの定理が同値であることを証明できる．

これが，解析学の定理を研究するための理想的な基礎理論として RCA_0 が位置づけられている理由である．RCA_0 は，いくつかの定理を証明することが**できない**のだが，そのおかげで，それらの定理と同値になる集合存在公理を見つけて，定理の**強度を比較**できるのである．たとえば，単調収束定理は，PA の言語で定義可能な集合がすべて存在することを主張する（算術的内包公理とよばれる）集合存在公理と同値である．第 6 章と第 7 章では，この重要な集合存在公理と，解析学における同値なものを調べる．

解析学に対する構成的アプローチ

この章では，計算可能性理論について，論理学における起源から，解析学の基礎における役割までを概観した．しかしながら，計算可能性は，その概念が厳密に定義されるしばらく前までは，解析学の問題であった．実際には，現代論理学**と**それに付随する計算の概念のどちらについても，19 世紀の解析学の基礎に対する関心から生じたといってよいだろう．この発展における重要人物がダヴィット・ヒルベルトである．彼の基礎研究（「ヒルベルトのプログラム」）の詳細な説明は，シーグの本 [76] に見ることができる．ここでは，いくつかの重要な出来事の概略だけを示す．

1. クロネッカーによる「非構成的」数学に対する批判．1880 年代に，クロネッカーは任意の実数というような概念に異議を唱えた．クロネッカーの意見では，そのような実数には，（本質的に）計算によってその数が与えられるような特別な場合を除いて，意味がないことになる．
2. クロネッカーによる異議の一部分は，（実数を非計算可能的に定義した）デデキントや（数え上げることのできないほど多くの実数があることを示した）カントルが提示した実数についての結果に対するものであった．
3. カントルの対角線論法を「すべての集合からなる集合」に適用すると，「すべての集合からなる集合」**より大きい**「集合」というパラドックスが生じることがわかった．この発見は，解析学の基礎として集合を用いるならば，集合概念を明確にする必要があったことを明らかにした．
4. ヒルベルトは，**公理論**によって数学の基礎を確立するためのプログラムを提唱した．彼は，とくに解析学は実数の公理系の中で展開されるべきで，クロネッカーが受け入れるような構成的方法によって，その体系の**無矛盾性**は証明されるべきだと考えた．これが，実質的に**ヒルベルトの第 2 問題**に当たる [49]．
5. ヒルベルトは，その後何十年かかけて，その問題を有限の対象を用いた計算，具体的には，数学的な主張を記号列を用いた計算問題として記述し，自身のプログラムを洗練させていった．その問題は，解析学の公理系では，定理を生成するプロセスにおいて，論理規則を機械的に適用しても「0=1」という文を生成しないことを示すためのものであった．
6. こうして，ヒルベルトのプログラムは，クロネッカーが意義を見出だしていた**問題**に還元された．実際には，1930 年までに，公理系の無矛盾性に関する問題は，（計算の算術化を介して）初等数論 (PA) の問題と同値であることが知られていた．
7. しかしなんと，ゲーデルによって，この無矛盾性の問題が PA の問題に還元されることが証明されてしまった [37]．しかも彼は，問題の還元とともに，無矛盾性の問題が PA の中で答えられないことも示してしまったのである．実際には，（解析学よりもかなり弱い体系である）PA そのものの無矛盾性は，PA の言語で Con(PA) という文によって表現できる．しかし，Con(PA) は PA では証明**不可能**なのである．この結果は，**ゲーデルの第 2 不完全性定理**とよばれている．この定理を，PA を含むような任意の体系にも同じように適用すると，その体系自体の無矛盾性を証明できないことがわかる．

8. ゲーデルのこの定理 [37] は，（第 8 章で詳しく論じる論理学と計算可能性理論に大きな打撃を与えただけでなく）ヒルベルトのプログラムを頓挫させるものでもあった．しかしその一方で，ほかの数学者らはクロネッカーに従って，可能な限り構成的方法で解析学を展開した．そのような数学者の中でもっとも著名な数学者は，ヘルマン・ワイルであった．ワイルは，著書 [93] において，RCA_0 に前述の算術的内包公理を加えたような体系の中で，基礎解析学のかなりの部分を展開した．

もちろん，ワイルの成果は計算の定義よりも前のものであるので，ワイルは形式的な計算ではなく，直感的な「構成法」を与えていただけということになる．しかし，結果的には，ワイルの構成法が実際の計算そのものであることがわかっている．したがって，彼の著書は，いまでは ACA_0（RCA_0 に算術的内包公理を加えたもの）とよばれる体系に先駆けて書かれたものだといえる．第 7 章では，実際に ACA_0 を用いることで，基礎解析学の標準的な定理が証明できることを確かめる．

第5章
計算の算術化

Arithmetization of Computation

2.8 節で，ペアノ算術 (PA) の Σ_1^0 論理式が直感的な意味で「計算的枚挙可能」な集合を定義することを見た．第 4 章では，それぞれの計算的枚挙可能集合が有限の「記述」から復元でき，その記述そのものも計算的枚挙可能であるような定式化が**存在する**ことだけを仮定して，計算的枚挙可能性の直感的に理解できる考え方について調べた．

この仮定のもとで，計算可能**でない**ものの存在を発見した．それは，計算的枚挙可能だが計算可能でない集合，互いに交わらない計算的分離不能な計算的枚挙可能集合，計算可能な無限に長い道をもたない計算可能な無限木である．これらの結果は，有理数の有界な増加列の最小上界のような，ある種の重要な対象が計算可能解析学には**欠如**していることを明らかにしている．

ここでは，4.1 節のチャーチの提唱が主張するように，**すべて**の計算的枚挙可能集合は PA の Σ_1^0 論理式で表せる理由を説明しよう．これによって，PA の言語で「計算可能解析学」を表現できる．なぜなら，計算可能集合や計算可能関数は，4.3 節で見たように，計算的枚挙可能性を使って定義できるからである．

$\Sigma_1^0 =$「計算的枚挙可能」という主張が正しいことを確かめるために，この章では，計算の概念を徹底的に分析する．厳密だが，直感的に自然な計算の概念を用いて，それを PA の言語に翻訳する．その翻訳は，実際には Σ_1^0 であるが，Σ_1^0 の定義とは（同値ではあるものの）少し異なっている．

5.1 形式体系

計算は何千年も前から数学の一部であったが，20 世紀になるまで，**計算可能性**が数学的な概念とは考えられていなかった．計算可能性という概念の発端となったのは，100 年ほど前の数学の**形式体系**，とくにホワイトヘッドとラッセルの『プリンキピア・マテマティカ』[95] である．彼らは，無意識の仮定や推論における論理的飛躍などの人的ミスを回避することによって，完全に厳格な証明をつくり出そうと考えていた．

このようなミスを回避するために，形式的証明では**公理**から**推論規則**によって証明を進める．公理は記号列とみなされ，推論規則はすでにある記号列から完全に機械的な方法で（「定理」を含んだ）新しい記号列をつくり出す．これによって，その記号が何を意味するのかを知ることなく，証明の正しさを確かめることができる．最初の形式体系が現れたときには，それに適した機械が発明されていなかったが，実際に証明は機械で確かめることもできる．

記号を操作する一般的な機械そのもののアイデアは，『プリンキピア・マテマティカ』に潜在的にあった．なぜなら，その体系は数学のすべての定理を生成する能力があると考えられていたからである．1920 年代はじめに，エミール・ポストは，『プリンキピア・マテマティカ』の公理と推論規則を分析し，その中に定理を含むような記号列をつくり出す機械的規則に書き直した．そして，任意の数学的主張の真偽を判定する機械的方法が見つかることを期待して，その規則を簡略化した．

ほどなく（1921 年に）ポストは，これが虚しい期待であったこと，つまり『プリンキピア・マテマティカ』やそのほかの無矛盾な体系では，数学のすべての定理を生成できないことに気づいた[†1]．しかしながら，ポストは，（いまでは私たちがそう信じているように）機械的に生成することの**できる**記号列の集合をすべて生成する方法を発見したのではないかと考えた．言い換えると，少なくとも**計算的枚挙可能集合**の概念に現れるような，**計算可能性**の概念の数学的に厳密な定式化を発見したと考えたのである．

ポストが**正規**系とよんだ形式体系はいまでも歴史的には重要であるが，同じ

---

†1 これは，ゲーデルの不完全性定理をポストが予見していたということである．論文 [65] を参照のこと．

流儀でもっと使いやすい体系がスマリヤンによって導入されている [80]．スマリヤンの**初等形式体系**はそれほど知られていないが，（私の知る限り）計算可能性の概念のほかの定式化よりも単純で洗練されている．また，5.4節で見るように，初等形式体系を用いると，計算可能性の概念を実現したものとしてもっともよく知られている**チューリング機械** [88] のふるまいを簡単に再現できる．このため，この章ではスマリヤンのアプローチに従うことにする．

5.2　スマリヤンの初等形式体系

スマリヤンの体系は，古典的形式体系を手本にしている．その体系には公理と推論規則があり，それらは定数と変数をもつ言語で書かれている．しかし，通常の形式体系とは異なり，括弧がない．定数 $a, b, c, \ldots$ は単につなぎ合わされて，$aa, aba, cba, \ldots$ のような**語**を形成する．変数 $x, y, z, \ldots$ は任意の語（空語でもよい）を表し，変数どうし，あるいは，変数と定数をつなぎ合わせて変数語を形成する．たとえば，axb は a で始まって b で終わる任意の語を表現する．

これに加えて，**集合変数**とよばれる大文字の記号 $P, Q, R, \ldots$ によって，集合や性質を表現する．Pw と書くと，「$w \in P$」または「w は性質 P をもつ」を意味する．w は，順序対や順序づけられた三つ組，あるいは順序づけられた n 個組でもよい．その場合には，P は**関数**などの2項（あるいは3項など）**関係**を表現しているとみなせることに注意しよう．それを表現するには，単に，対や三つ組などの要素の間にコンマを入れればよい．また，含意を表現するための記号として $\Rightarrow$ もある．

初等形式体系 (EFS: elementary formal system) の目的は，w を変数を含まない語とするとき，Pw という形式をした「定理」を生成し，語の集合 P の元を「計算的に枚挙」することである．

EFS の公理

- ある定数語（定数だけからなる語）w に対して Pw．これは，w が P に属すると述べている．
- ある変数語（定数と変数からなる語）$x_1, x_2, \ldots, x_n$ に対して $Px_1 \Rightarrow Px_2 \Rightarrow \cdots \Rightarrow Px_n$．この公理は，「$Px_1$ ならば，Px_2 ならば，$\cdots$ な

らば，Px_{n-1} ならば Px_n である」と読む．これは，次の式と論理的に同値である．

$$(Px_1 \wedge Px_2 \wedge \cdots \wedge Px_{n-1}) \Rightarrow Px_n$$

次の例は，長さが正の偶数であるような $aa \cdots a$ という形式をした記号列の集合 E を定義する EFS である．

$$Eaa$$
$$Ex \Rightarrow Exaa$$

次の自明な推論規則を用いると，文字 a が正偶数個からなる $Eaa \cdots a$ という形式のすべての定理（そして，その形式の定理だけ）を導出できることが簡単にわかる．実際には，この推論規則がすべての EFS で使われる．

EFS の推論規則

- 任意の公理において，出現するそれぞれの変数を任意の語で置き換えた結果は定理である．
- U と $U \Rightarrow V$ が定理であり，U そのものが $X \Rightarrow Y$ という形式をしていないならば，V は定理である．（この推論規則は，古典論理における類似した規則にちなんで**モドゥスポネンス**とよばれる．）

（モドゥスポネンスに関してこのような制限をつけた理由は，次のとおりである．U が $X \Rightarrow Y$ であり，X と Y が $\Rightarrow$ を含まないならば，$U \Rightarrow V$ は $X \Rightarrow Y \Rightarrow V$ であり，これは $(X \wedge Y) \Rightarrow V$ を意味する．しかし，U と $X \wedge Y$ は同じではない．したがって，V は U と $U \Rightarrow V$ から導かれない．しかしながら，X と Y が定理であり，$X \Rightarrow Y \Rightarrow V$ でもあれば，期待どおり V と推論できる．）

公理系の例

1. アルファベット $\{a, b\}$ 上の回文（前から読んでも後ろから読んでも同じつづりになる語）の集合 P を生成する EFS は，次のようになる．

$$Pa$$
$$Paa$$
$$Pb$$
$$Pbb$$
$$Px \Rightarrow Paxa$$
$$Px \Rightarrow Pbxb$$

これらの公理は，任意の1文字または2文字の回文から始めて，その前後に同じ文字を繰り返し追加することによって，任意の回文を生成する．

2. 文字 a, b だけを含むような，$\{a, b\}$ 上の語の集合 S を生成する EFS は，次のようになる．

$$Sa$$
$$Sb$$
$$Sx \Rightarrow Sy \Rightarrow Sxy$$

これらの公理は，1文字の語から始めて，それらを連結することによって，a と b だけから構成される任意の語を生成する．

3. a と b を同じ数だけ含むような，$\{a, b\}$ 上の空でない語の集合 T を生成する EFS は，次のようになる．

$$Tab$$
$$Tba$$
$$Txyz \Rightarrow Txaybz$$
$$Txyz \Rightarrow Txbyaz$$

最初の二つの公理は，a と b を同じ数だけ含む2文字の語を与える．あとの二つの公理では，x, y, z は空でもよく，語のどの位置にも1個の a と1個の b を同時に挿入でき，それによって a と b の個数が等しく保たれる．

5.3 正整数の表記法

初等形式体系は,「数」ではなく「語」を生成する．これは，この体系の目的が，複数の記号からなるアルファベットによって，記号列として定理または論理式をつくり出すことだからである．しかしながら，数そのものは，記号列，具体的には**数項**によって表現できる．したがって，任意の有限のアルファベット上の語を数項とみなすことによって，語を数として解釈できる．

もっとも単純な数項は, 単一の記号からなるアルファベット上の 1, 11, 111, ... という語である．このとき，正整数 n は，n 個の 1 が並ぶ記号列によって表現される．この **1 を底とする**数項，あるいは**一進**数項は，単純で自然であるが,単純すぎるがゆえに使いやすいとはいえない．とくに，87 や 88 といった大きさの数に対する一進数項は非常に長いため，区別するのが難しく，不便である．

通常の十進数項は，アルファベット $\{0,1,2,3,4,5,6,7,8,9\}$ による記号列であるが，異なる記号列が同じ数を表現するという欠点がある．たとえば，1, 01, 001 などは，すべて数 1 を表現する．通常の二進数項も同じ欠点がある．この問題は，**正**整数に対する数項だけでよいのであれば，スマリヤンが導入した**二値**数項体系によって解決できる．この体系は，正整数 n と，1 と 2 という 2 種類の数字からなる記号列を 1 対 1 に対応させる．1 から始まるいくつかの正整数に対する二値数項は次のようになる．(左辺は十進数項である.)

$$1 = 1$$

$$2 = 2$$

$$3 = 11$$

$$4 = 12$$

$$5 = 21$$

$$6 = 22$$

$$7 = 111$$

$$8 = 112$$

$$9 = 121$$

$$10 = 122$$

$$11 = 211$$

$$12 = 212$$

$$13 = 221$$

$$14 = 222$$

$$\vdots$$

一般に，それぞれの正整数 n は，記号列 $d_k \cdots d_2 d_1$ によって表現される．ただし，$d_1, d_2, \ldots, d_k$ は，次の式から一意に決まる $\{1, 2\}$ に属する数字である．

$$n = d_k \cdot 2^{k-1} + \cdots + d_2 \cdot 2 + d_1 \cdot 1$$

するとあきらかに，それぞれの正整数は，1と2からつくられる記号列で表現できる．また，それぞれの正整数 n に対する記号列が一意であることを帰納的に示すことができる．具体的には，n に対する一意な二値数項が与えられたときに，1を加えるという自明な処理によって，$n+1$ に対する一意な二値数項が得られる．（この処理を行うEFSについては，5.8節を参照のこと．）

任意のアルファベット $\{a_1, a_2, \ldots, a_n\}$ を用いた記号列は，a_1 を12で，a_2 を122で，a_3 を1222でというように置き換えると，二値数項によって符号化できる．したがって，EFSにおいて生じる記号列に対するすべての操作は，数に対する操作とみなすことができる．ここに，**計算を算術化**する方法がかすかに垣間見える．

しかし，計算を算術化する前に，初等形式体系における算術化の対極にある問題を調べておこう．この問題を調べることで，初等形式体系の「計算能力」に対する理解が進み，初等形式体系が任意の計算を表現できるという主張が裏づけられる．同時に，あとで計算を算術化するときに役立つような算術の計算能力にも慣れ親しむことができる．

万能初等形式体系

$a_1 = 12$, $a_2 = 122$, $a_3 = 1222$, $\ldots$ という符号化で重要なのは，**任意の有限個のアルファベットを用いた語が，固定されたアルファベット $\{1, 2\}$ の語とし**

て符号化できるということである．このことは，任意の EFS の演算を再現しうる**万能**な EFS が存在する可能性を示している．それぞれの EFS のアルファベットをアルファベット $\{1,2\}$ で符号化し，使いやすくするために二，三の記号を追加することで，体系と定理の適切な符号化によって万能な EFS U を構築できるはずである．ここで，万能な EFS とは，「体系 S が定理 T を生成する」という形式のすべての真な文を生成できるという意味である．

チューリング機械による計算のモデルにおいては，万能な EFS に対応する万能体系は**万能チューリング機械**とよばれ，その一つはチューリングの画期的な論文の中で構成された [88]．EFS による計算のモデルにおいては，万能な EFS は書籍 [80] で記述されている．万能な EFS の詳細については割愛するが，定式化のためには，4.3 節で説明した，補集合が計算的枚挙可能ではない自然数の計算的枚挙可能集合を記述する論法を使うことができる．

5.4　チューリングによる計算の分析

EFS の計算を詳しく調べる前に，論文 [88] において，古典的な計算がどのように導入されたかを見ておくべきだろう．チューリングは，人間が紙と鉛筆で計算する方法を分析して，計算の概念にたどり着いた．彼は，人間の「計算手」が演算する（あるいは演算しうる）方法に対して，次のような仮定（とそれらに対する根拠）をおいた．

1. 計算手は，有限個の異なる**記号** S_j を認識し，それを一度に一つずつ読み取ることができる．この場合の「記号」は，有限個の固まりであれば数字でもアルファベットでもよいが，区別できる必要がある．たとえば，9999999999999999 と 999999999999999 は非常によく似ているので，「記号」としては区別がつきにくく，まぎらわしい．
2. 同じ理由から，計算手は有限個の**内部状態**（「心理状態」と考えてもよい）q_i をもつ．内部状態が無限にあるとすると，よく似たものを区別できない可能性がある．
3. 計算は，有限の**プログラム**によって指示される．プログラムは，与えられた内部状態において，与えられた記号が読み取られたときに何をすべきかを教えてくれるものである．

4. 区画に分割されたテープのそれぞれの区画には，一つの記号が書かれていると仮定してよい．さらに，**読み書きヘッド**は，計算のそれぞれの**ステップ**において，読み取った記号を別の記号に置き換えると，テープを左か右に 1 区画移動させ，別の内部状態になると仮定してよい．

最後の条件は，紙と鉛筆を使う計算を制限している．一見，この制限は不便に思えるが，計算に時間がかかることを犠牲にすれば我慢できる．たとえば，一列に並んだ二つの数項の間を行ったり来たりしながら，77489 + 45132 を計算できる．具体的には，和を計算しながら数字を斜線で消し（すなわち，3 という数字を斜線を引いた 3̸ で置き換え），頭の中で（すなわち，内部状態によって）繰り上がりを覚えておけばよい．

何度か実際に試してみると，私たちの慣れ親しんだすべての計算は，チューリングの条件のもとで行うことができ，チューリング機械によって「プログラム可能」であることが明らかになる．チューリング機械のプログラムは，$q_iS_jS_kRq_l$（または $q_iS_jS_kLq_l$）という形式の **5 個組**の有限列として書くことができる．コマンド $q_iS_jS_kRq_l$ は，状態が q_i で読み取った記号が S_j ならば，S_j を S_k で置き換え，右に 1 区画移動したら，状態 q_l になることを指示している．（R の代わりに L が現れる場合も，左に 1 区画移動することを除いて同様である．）

チューリング自身が論文 [87] で述べているように，ポストがチューリングとは独立に実質的に同じ計算の概念にたどり着いていた [64] ことは注目に値する．さらなる詳細は，チューリングやポストの論文，それに計算理論に関する多くの書籍で述べられている．チューリング機械の概念は，とくにゲーデルのような論理学者に，計算の直感的概念が定式化できることを納得させる決め手となった．

チューリング機械から初等形式体系へ

このほかに読むべき歴史的論文[†2]として，ポストの論文 [67] がある．この論

[†2] この論文は，本格的な数学者が提出した問題に対して，初めてその決定不能性を証明したことで有名である．これは，いまでは**半群の語の問題**とよばれる．この語の問題は，論文 [85] によって提出された．

文では，チューリング機械による計算の概念が，**語の置き換え**に基づく計算の概念に翻訳されている．ポストは，チューリング機械 T によるそれぞれの計算が語の列によって符号化できることを示した．**機械構成**とよばれる符号化では，k 番目の語 w_k は，k ステップ目でヘッドの指している T のテープの区画と，現在の内部状態を表す記号 q_i を，読み取られた記号 S_j の左隣に挿入することで構成される．（図 5.1 に示した例では，$S_j = 7$ でヘッドは状態 q_3 にある．）

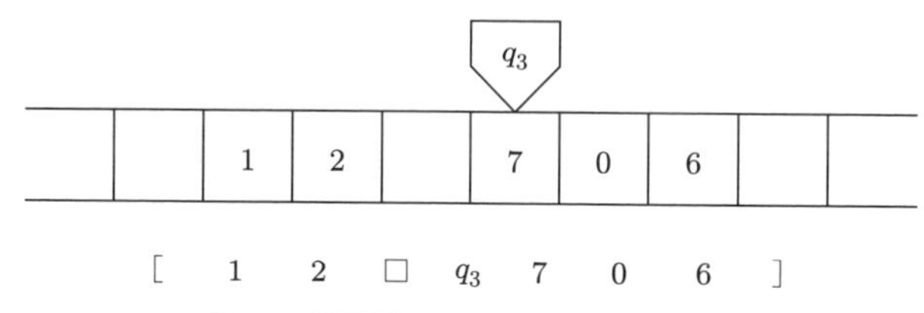

図 5.1　機械構成とそれを符号化した語

T のプログラムの要求に従って，w_k の部分語 q_iS_j とその左右にある一つか二つの記号を一緒にしたものを新しい部分語で**置き換え**ることで，w_k から w_{k+1} が得られる．このような部分語は有限通りしかないので，T のプログラムを再現するのに必要な語の変換は有限通りしかない．たとえば，T のプログラムが 5 個組 $q_3 78Lq_4$ を含むならば，次のような語の置き換え規則が必要である．

$$\text{それぞれの } S_k \text{ に対して } S_k q_3 7 \rightarrow q_4 S_k 8$$

図 5.1 の例では，規則 $\square q_3 7 \rightarrow q_4 \square 8$ によって語 $w_k = [12\square q_3 706]$ が語 $w_{k+1} = [12q_4\square 806]$ に置き換えられることで，その次の機械構成が符号化される．

語の置き換え規則の有限集合によって，初等形式体系に非常に近づくことができた．実際の EFS では，語 u が語 v によって置き換えられるという規則 $u \rightarrow v$ は，公理 $Wxuy \Rightarrow Wxvy$ によって実装される．このとき，チューリング機械が初等形式体系によってどのように再現されるかが，この実装によってわかる．それでは，いよいよ EFS の計算そのものを調べてみよう．

5.5　EFS 生成集合に関する演算

計算的枚挙可能性の直感的な性質は，集合に関するいくつかの基本演算によって保たれる．そのような基本演算としては，和集合，共通集合，直積（デカルト積）がある．集合 S と T の元の列を生成できると仮定したとき，次の集合の元の列も生成できる．

- $S \cup T$
  具体的には，S と T の元を同時に列挙し，その二つを一つにまとめる．
- $S \cap T$
  具体的には，S と T の元を同時に列挙し，S と T の両方に現れる元を列挙する．
- $S \times T$
  具体的には，それぞれの x が S の元の列に現れ，それぞれの y が T の元の列に現れるような $\langle x, y \rangle$ を列挙する．

集合ではなく**性質**として見ると，性質 $S(x)$ と $T(x)$（これらはそれぞれ性質 $x \in S$ と $x \in T$ に対応する）が計算的枚挙可能ならば，性質 $S(x) \vee T(x)$, $S(x) \wedge T(x)$, $S(x) \wedge T(y)$ も計算的枚挙可能ということになる．

定義　（ある有限のアルファベットによる語の）集合 S は，$x \in S$ であるとき，そしてそのときに限り，Sx を証明するような EFS が存在するならば，**EFS 生成集合**とよばれる．

この定義によって，直感的に計算的枚挙可能性を保つ前述の演算は，EFS 生成集合も保つことが確かめられる．

EFS 生成集合の演算　S と T がともに EFS 生成集合ならば，$S \cup T$, $S \cap T$, $S \times T$ も EFS 生成集合である．

証明　S を生成する EFS と T を生成する EFS が与えられたときに，(i) $S \cup T$, (ii) $S \cap T$, (iii) $S \times T$ をそれぞれ生成する EFS を構成する．

(i) S と T をそれぞれ生成する EFS があると仮定する．必要ならば，T を生成する EFS を書き直して，この二つの EFS に共通の集合変数がないようにする．すると，この二つの EFS を合わせたものは，二つの独立な体系として機能し，$x \in S$ に対する定理 Sx と $x \in T$ に対する定理 Tx を与える．

このとき，X をまだ使われていない集合変数として，次の公理を追加すると，

$S \cup T$ に属する x に対してだけ定理 Xx を証明する EFS が得られる．

$$Sx \Rightarrow Xx, \quad Tx \Rightarrow Xx$$

(ii) 同様にして，公理 $Sx \Rightarrow Tx \Rightarrow Xx$ を追加すると，$S \cap T$ に属する x に対してだけ定理 Xx を証明する定理が得られる．なぜなら，$Sx \Rightarrow Tx \Rightarrow Xx$ は，$(Sx \wedge Tx) \Rightarrow Xx$ を意味するからである．

(iii) $S \times T$ を生成する EFS を構成するために，S と T の EFS は記号としてコンマを含まないと仮定しても，一般性は失わない．（もし，コンマがいずれかの EFS に含まれれば，まだ使われていないほかの記号で置き換える．）これで，記号列 x, y を使って順序対 $\langle x, y \rangle$ を表現できる．

この仮定のもとで，これまでと同じように S と T の EFS を組み合わせ，次の公理を追加する．

$$Sx \Rightarrow Ty \Rightarrow Px, y \quad \text{（ただし，}P\text{ はまだ使われていない集合変数）}$$

この公理は $(Sx \wedge Ty) \Rightarrow Px, y$ を意味するので，新しい体系は，$S \times T$ に属する $\langle x, y \rangle$ に対してだけ Px, y を証明する． □

この証明の (iii) で使ったコンマによって，n 個組の EFS 生成集合についても述べることができる．

定義　順序づけられた n 個組 $\langle x_1, x_2, \ldots, x_n \rangle$ の集合 S は，コンマを含まない語 $x_1, x_2, \ldots, x_n$ に対して，$\langle x_1, x_2, \ldots, x_n \rangle \in S$ という定理が $Sx_1, x_2, \ldots, x_n$ という形式になるような EFS が存在するならば，EFS 生成集合という．

これで，n 個組の EFS 生成集合に関する演算を考えることができる．それらの中でもっとも重要なのは，（集合の言葉でいえば）**存在量化**または（性質の言葉でいえば）**射影**とよばれる演算である．

定義　$W(x_1, \ldots, x_k, y_1, \ldots, y_l)$ を $k+l$ 個組に関する性質とするとき，性質 $\exists x_1 \cdots \exists x_k W(x_1, \ldots, x_k, y_1, \ldots, y_l)$ を性質 W の**存在量化**といい，集合

$$\{\langle y_1, \ldots, y_l\rangle \mid \exists x_1 \cdots \exists x_k W(x_1, \ldots, x_k, y_1, \ldots, y_l)\}$$

を，次の集合に付随する**射影**という．

$$\{\langle x_1, \ldots, x_k, y_1, \ldots, y_l\rangle \mid W(x_1, \ldots, x_k, y_1, \ldots, y_l)\}$$

EFS 生成集合の射影　W が $k+l$ 個組の EFS 生成集合ならば，W の任意の射影は EFS 生成集合である．

証明　W に対する EFS が与えられたときに，E を新たな集合変数として，次の公理を追加すればよい．

$$Wx_1, \cdots, x_k, y_1, \cdots, y_l, \Rightarrow Ey_1, \cdots, y_l \qquad \square$$

5.6　Σ^0_1 集合の生成

2.8 節では，ペアノ算術 (PA) で定義可能な集合を，それを定義する論理式によって分類した．そこでは，変数，定数 0，関数 S, $+$, $\cdot$ を含む項どうしの等式から始めて，それらをブール演算 $\wedge$, $\vee$, $\neg$ によって組み合わせることで**量化子を含まない**論理式をつくった．

この節では，ブール演算のほかに，**有界量化子** $\forall x < y$, $\exists x < y$ を許してつくられる論理式も，（拡張された）量化子を含まない論理式のクラスとして扱う．この新しい論理式によって定義される性質は，以前の論理式で定義できない性質を含むわけではない[†3]．しかし，有界量化子による柔軟性が加わっているため便利である．

とくに，Σ^0_1 論理式を，（拡張された）量化子を含まない論理式の存在量化によって得られるものと定義すると，EFS 生成集合が Σ^0_1 集合に等しいことを示すという最終目的に到達しやすくなる．実際の逆数学では，この柔軟性のある Σ^0_1 の定義が用いられる [77]．この節および次節では，この等式の一方向，すなわち，Σ^0_1 集合ならば EFS 生成集合であることを証明する．

EFS 生成集合の存在量化が EFS 生成集合であることは前節ですでに示した

[†3]　訳注：論理式の階層については，巻末解説を参照のこと．

ので，量化子を含まない論理式によって定義される集合が EFS 生成集合であることを示せば十分である．まず，等式によって定義される集合から始めよう．それに関連して，**関数**（および関係），とくに，集合を用いて S, $+$, $\cdot$ を表現するという問題を解決しておく．

定義　関係 $R(x_1, x_2, \ldots, x_n)$ は，次の集合に対する EFS が存在するならば，**EFS 表現可能**という．

$$\{\langle x_1, x_2, \ldots, x_n\rangle \mid R(x_1, x_2, \ldots, x_n)\}$$

基本的な関係の EFS 表現　次の関係は，それぞれ EFS 表現可能である．
(i) $S(x) = y$, (ii) $x + y = z$, (iii) $x \cdot y = z$, (iv) $x < y$, (v) $x \leq y$, (vi) $x \neq y$

証明　(i) 二値数項の関係 $S(x) = y$ は，EFS では Sx, y によって，次のように表現される．

$$S1, 2$$

$$S2, 11$$

$$Sx1, x2$$

$$Sx, y \Rightarrow Sx2, y1$$

Sx, y を $S(x) = y$ と解釈し，x, y をそれぞれ二値数項と解釈すれば，これらの公理はあきらかに真である．したがって，この EFS の定理として現れる Sx, y の代入例は，$S(x) = y$ の真な代入例を表す．**すべて**の代入例が定理として現れる理由を知るために，すべての二値数項 x が定理 Sx, y に現れることを示す．もっとも短い代入例 $x = 1$ と $x = 2$ は，1 番目と 2 番目の公理である．3 番目の公理によって，x の任意の代入例の右に 1 を置くことができ，（「1 が繰り上がる」）4 番目の公理によって，x の任意の代入例の右に 2 を置くことができる．

(ii) $S(x) = y$ に対する EFS が与えられたときに，（正整数に対する）$+$ の帰納的定義を実装する公理を追加することで，$x + y = z$ に対する EFS が得られる．$x + y = z$ を Ax, y, z によって表現するとき，次の公理があればよい．（ここでは「かつ」を表す記号 $\wedge$ を用いる．）

$$Sx, u \Rightarrow Ax, 1, u \qquad \text{（起点段階）}$$

$$(Ax, v, w \wedge Sv, y \wedge Sw, z) \Rightarrow Ax, y, z \qquad \text{（帰納的段階）}$$

この帰納的段階は，正式には次のような公理として書かれる．

$$Ax, v, w \Rightarrow Sv, y \Rightarrow Sw, z \Rightarrow Ax, y, z$$

(iii) S と $+$ に対する EFS がそれぞれ (i) と (ii) のように与えられたときに，$\cdot$ を帰納的に定義する公理を追加することによって，$\cdot$ に対する EFS が得られる．$x \cdot y = z$ を Mx, y, z によって表現するとき，次の公理があればよい．

$$Mx, 1, x \qquad \text{（起点段階）}$$

$$(Mx, v, w \wedge Sv, y \wedge Aw, x, z) \Rightarrow Mx, y, z \qquad \text{（帰納的段階）}$$

この帰納的段階は，正式には次のような公理として書ける．

$$Mx, v, w \Rightarrow Sv, y \Rightarrow Aw, x, z \Rightarrow Mx, y, z$$

(iv) $x < y$ を Lx, y によって表現するとき，(i) の公理に次の公理を追加することによって，Lx, y のすべての正しい代入例を生成できる．

$$Sx, y \Rightarrow Lx, y$$

$$Lx, y \Rightarrow Ly, z \Rightarrow Lx, z$$

(v) $x \leq y$ を $L'x, y$ によって表現するとき，(i) と (iv) の公理に次の公理を追加することによって，$x \leq y$ に対する EFS が得られる．

$$Lx, y \Rightarrow L'x, y$$

$$L'x, x$$

(vi) (v) の2番目の公理は，（たとえば E のような別の集合変数を使って書くと）**等しい**という関係 $x = y$ を定義する．**等しくない**という関係 $x \neq y$ は，(iv) の公理に次の公理を追加すると，Nx, y によって表現できる．

$$Lx, y \Rightarrow Nx, y$$

$$Ly, x \Rightarrow Nx, y$$

□

5.7　Σ_1^0 関係に対する EFS

等式のブール結合

まず，前節の定理を使って，等式

$$t_1(x_1, \ldots, x_k) = t_2(y_1, \ldots, y_l)$$

が $x_1, \ldots, x_k, y_1, \ldots, y_l$ の間の EFS 表現可能関係であることを証明したい．ここで，t_1 と t_2 は，変数と 0 から関数 S, $+$, $\cdot$ によって組み立てられた項である．これを証明するためには，EFS 表現可能関数の**合成**は，それ自体が EFS 表現可能であることを証明しなければならない．この命題の証明は，例を示せば十分理解できるだろう．関係 $x+y=z$ と $z=u\cdot v$ が与えられたときに，関係

$$R(u,v,x,y) \Leftrightarrow x+y=u\cdot v$$

を表現したい．$x+y=z$ を Ax,y,z によって表現する EFS はすでに存在し，また，$u\cdot v=z$ を Mu,v,z によって表現する EFS もすでに存在している．このとき，次の公理を追加すれば，求める EFS が得られる．

$$Ax,y,z \Rightarrow Mu,v,z \Rightarrow Ru,v,x,y$$

一般に，関係 $t_1(x_1, \ldots, x_k) = z$ を $R_1x_1, \ldots, x_k, z$ によって表現し，関係 $t_2(y_1, \ldots, y_l) = z$ を $R_2y_1, \ldots, y_l, z$ によって表現するならば，次の公理を追加すると，関係 $t_1 = t_2$ を $Qx_1, \ldots, x_k, y_1, \ldots, y_l$ によって表現できる．

$$R_1x_1, \ldots, x_k, z \Rightarrow R_2y_1, \ldots, y_l, z \Rightarrow Qx_1, \ldots, x_k, y_1, \ldots, y_l$$

また，次の公理を追加して Nx,y の公理を定めれば，関係 $t_1 \neq t_2$ も表現できる．

$$R_1x_1, \ldots, x_k, w \Rightarrow R_2y_1, \ldots, y_l, z \Rightarrow Nw,z$$

このようにして，$t_1 = t_2$ と $t_1 \neq t_2$ という二つの関係に対する EFS 表現が得られた．

この EFS と，（5.5 節の）EFS 生成集合の和集合と共通集合に対する EFS を組み合わせると，**項どうしの等式についての任意のブール結合**，すなわち，論

理結合子 $\wedge$, $\vee$, $\neg$ による等式の任意の結合に対する EFS が得られる．これは，同値関係

$$\neg(\varphi \wedge \psi) \Leftrightarrow (\neg\varphi) \vee (\neg\psi)$$

$$\neg(\varphi \vee \psi) \Leftrightarrow (\neg\varphi) \wedge (\neg\psi)$$

を使って，$t_1 = t_2$ が出てくるまで記号 $\neg$ を「内側に押し込み」，その等式を不等式 $t_1 \neq t_2$ に変えることができるからである．そうすると，その段階で残っている論理結合子は $\vee$ と $\wedge$ であり，これらは 5.5 節において EFS 表現可能であることを示していた．$t_1 = t_2$ と $t_1 \neq t_2$ はともに EFS で表現できるので，これで証明したかった等式の任意のブール結合に対する EFS を得ることができた．

2.8 節では，このようなブール結合を，**量化子を含まない** PA の論理式とよんでいた．しかしここでは,「量化子を含まない」という部分を**有界**量化子 $\forall x < y$ と $\exists x < y$ まで拡張したい[†4]．「量化子を含まない」という表現には，いま見たように 2 通りの意味がある．この混同を避けるために，項どうしの等式にブール演算と有界量化子を適用して組み立てられた論理式は，$\mathbf{\Sigma_0^0}$ **論理式**とよばれる．このとき，EFS 表現可能関係に有界量化子を適用した結果も，EFS 表現可能であることを示そう．

有界量化子

まず，有界存在量化子は問題にならないことがわかる．なぜなら，次が成り立つからである．

$$(\exists y < z)R(x_1, \ldots, x_k, y) \Leftrightarrow (\exists y)[R(x_1, \ldots, x_k, y) \wedge y < z]$$

5.5 節より，EFS 表現可能関係の存在量化は EFS 表現可能であること，R が EFS 表現可能ならば $R(x_1, \ldots, x_k, y) \wedge y < z$ は EFS 表現可能であることがわかる．なぜなら，$y < z$ は EFS 表現可能であり，したがって，EFS 表現可能関係の共通集合も EFS 表現可能だからである．

したがって，証明すべきは次の命題のみである．

[†4] この量化子には，$\forall x < y+1$ と等価な量化子 $\forall x \leq y$ や，$\exists x < y+1$ と等価な量化子 $\exists x \leq y$ も含まれる．

有界全称量化の EFS 表現　関係 $R(x_1,\ldots,x_k,y)$ が EFS 表現可能ならば，$(\forall y<z)R(x_1,\ldots,x_k,y)$ も EFS 表現可能である．

証明　集合変数 $R^<$ を導入し，$R^<(x_1,\ldots,x_k,z)$ は $(\forall y<z)R(x_1,\ldots,x_k,y)$ と同値であるとする．この関係 $R^<$ は，$R^<(x_1,\ldots,x_k,1)$ を空虚に満たす．なぜなら，$y<1$ となる正整数は**ない**からである．また，この関係 $R^<$ は，

$$[R^<(x_1,\ldots,x_k,z)\wedge R(x_1,\ldots,x_k,z)\wedge w=S(z)]\Rightarrow R^<(x_1,\ldots,x_k,w)$$

を満たす．したがって，前節で用いた関数 S についての公理を使い，R に対する EFS と次の公理を合わせると，$R^<x_1,\ldots,x_k,z$ という形式のすべての定理を生成する EFS が得られる．

$$R^<x_1,\ldots,x_k,1$$

$$R^<x_1,\ldots,x_k,z\Rightarrow Rx_1,\ldots,x_k,z\Rightarrow Sz,w\Rightarrow R^<x_1,\ldots,x_k,w$$ □

ここで，（この章の冒頭で述べたように）Σ^0_1 関係を，PA の Σ^0_0 関係の存在量化と**再定義**する．すると，次の系が成り立つ．

系　すべての Σ^0_1 関係は EFS 生成集合である．

証明　等式 $t_1=t_2$ から，ブール演算と有界量化によって Σ^0_0 関係が得られる．ここで，t_1 と t_2 は，変数と 0 に関数 S, $+$, $\cdot$ を適用して得られた項である．

上記の定理によって，Σ^0_0 関係が EFS 生成集合であることは示したので，5.5 節の存在量化の定理によって，Σ^0_1 関係も EFS 生成集合である．□

5.8　初等形式体系の算術化

前節までで，EFS の計算能力によって PA のすべての Σ^0_1 関係が表現できることを具体的に示した．実際には，Σ^0_1 関係の構成要素，すなわち，関数 S, $+$, $\cdot$，等式とそれらのブール結合，有界量化，存在量化は，それらの意味を密になぞるやり方で「再現」される．

この逆，すなわち，PA の Σ^0_1 関係によって EFS のはたらきを「再現」しよ

うとしても，いくつかの技術的な問題があるため，その再現過程を追っていくのは難しい．したがって，この再現のもっとも根源的な部分だけを詳しく行い，全体の過程は大まかに記述することで，全体像をわかりやすく伝える．（ただしこの場合でも，細々とした厄介な点がいくつかあるので，最初に読むときには読み飛ばしてもかまわない．）

語と数

5.3 節で述べたように，初等形式体系を算術化する最初の一歩は，二値数項によって記号列（または「語」）を符号化することである．これらの数項は，異なる記号を 12, 122, 1222 のように符号化できるので，任意のアルファベットによる語も符号化できる．難しいのは，PA の言語とそれに組み込まれた関数 S, $+$, $\cdot$ だけを使って，語に関する自然な演算を数の演算で表すことである．語 $\boldsymbol{x}$ と $\boldsymbol{y}$ に関するもっとも基本的な演算は，$\boldsymbol{x}$ の右隣に $\boldsymbol{y}$ を書くという $\boldsymbol{x}$ と $\boldsymbol{y}$ の**連結**である．

二値数項で表すとそれぞれ $\boldsymbol{x}$ と $\boldsymbol{y}$ となる数 x と y に対して，二値数項で表すと $\boldsymbol{xy}$ になる数を $x^\frown y$ と表記する．**数項連結関数** $^\frown$ は，次のような一連の定義を経て定義される．これらの定義は，たかだか有界量化子しか使っておらず，したがって，前節で定義したように Σ^0_0 であることに注意しよう．

1. まず，「x は y を整除する」を次のように定義する．

$$x \operatorname{div} y \Leftrightarrow (x = 1) \vee (\exists z < y)(x \cdot z = y)$$

2. つぎに，

$$x \text{ は 2 のべき乗 } \Leftrightarrow (\forall y < x)[(y \operatorname{div} x \wedge 1 < y) \Rightarrow 2 \operatorname{div} y]$$

と定義する．

3. そして，$l(x) =$「x に対する二値数項の長さ」とするとき，

$$y = 2^{l(x)} \Leftrightarrow y \text{ は 2 のべき乗 } \wedge [y - 1 \leq x \leq 2 \cdot (y - 1)]$$

と定義できる．なぜなら，y が 2 のべき乗ならば，$y - 1$ は y と同じ長さをもつ数の中で最小の数であり，$2 \cdot (y - 1)$ は最大の数であるからである．

4. 最後に，数項連結関数を

$$x \frown y = z \Leftrightarrow x \cdot 2^{l(y)} + y = z$$
$$\Leftrightarrow (\exists v < z)(\exists w < z)[v = 2^{l(y)} \wedge x \cdot v = w \wedge w + y = z]$$

と定義する．

有限列

数項連結関数 $\frown$ を用いると，初等形式体系の演算に関する語の性質を反映した数項の性質を定義できる．そのような性質として，次のものがある．

「$\boldsymbol{x}$ は $\boldsymbol{y}$ の始切片」
「$\boldsymbol{x}$ は $\boldsymbol{y}$ の終切片」
「$\boldsymbol{x}$ は $\boldsymbol{y}$ の部分語」
「$\boldsymbol{x}$ は $\boldsymbol{u} \Rightarrow \boldsymbol{v}$ という形式をしている」

そして，これらの定義に現れるすべての量化子は，数項連結関数を定義するための定義と同じ理由により有界量化子にできる．

すると，与えられたEFSに対して，有界量化子だけを使って次の算術関係を定義できる．

- 「$\boldsymbol{x}$ は公理である」を表す $\mathrm{Axiom}(x)$
- 「$\boldsymbol{x}$ は代入によって $\boldsymbol{y}$ になる」を表す $x\,\mathrm{subst}\,y$
- 「$\boldsymbol{x}$, $\boldsymbol{y}$ からモドゥスポネンスによって $\boldsymbol{z}$ になる」を表す $x, y\,\mathrm{modusponens}\,z$

しかし，「$\boldsymbol{x}$ は定理である」という性質を表すためには，それぞれの項が公理かそれより前の項の帰結であるような**有限列**の存在を述べる必要がある．そのような有限列が「証明」である．したがって，定理というのは，証明の最後の項である．

計算を算術化するためには，正整数の有限列を符号化および復号する装置も必要になる．すぐわかるように，語の有限列 $w_1, w_2, \ldots, w_k$ は，新たな記号 $*$ を「区切り記号」として使うことによって，単一の語 $*w_1 * w_2 * \cdots * w_k*$ に符号化できる．そして，二値数項によって列を符号化し，⌢ 関数を用いて対応する数から情報を取り出すことができる．

しかしながら，ゲーデルによって，数の有限列の符号化には，これより算術的に単純な方法が発見されている [37]．これは**ゲーデルの $\boldsymbol{\beta}$ 関数**を用いるもので，β 関数は次のような剰余関数を使って簡単に定義できる．

$$\mathrm{rem}(a, b) = r \Leftrightarrow (\exists q < a)(a = bq + r \wedge r < b)$$

β 関数は，量化子を含まない次のような論理式によって定義される．

$$\begin{aligned}\beta(c, d, i) = x &\Leftrightarrow \mathrm{rem}(c, 1 + (i + 1) \cdot d) = x \\ &\Leftrightarrow (\exists q < c)[c = (1 + (i + 1) \cdot d) \cdot q + x \wedge x < 1 + (i + 1) \cdot d]\end{aligned}$$

これで，正整数の任意の有限列 $x_1, x_2, \ldots, x_n$ を，適切な c, d と $i = 1, 2, \ldots, n$ に対する値 $\beta(c, d, i)$ として表現できる．これは，初等数論における**中国式剰余定理**の結果である．中国式剰余定理は，適切な c を適切な $1 + (i + 1)d$ で割ることによって，正の剰余 x_i からなる任意の数列をつくり出せるというものである[†5]．

EFS 生成集合は Σ^0_1 である

β 関数のおかげで，「数列 $x_1, x_2, \ldots, x_n$ が存在する」を次の論理式で表すことができる．

$$(\exists c, d, n)(\forall i \leq n)[\beta(c, d, i) = x_i]$$

この結果，「証明が存在する」は，「ある数列が存在して，その数列のそれぞれの項は，公理かまたはそれよりも前の項からの代入かモドゥスポネンスの結果として得られたものである」という，次のような Σ^0_1 論理式によって表される．

$$\begin{aligned}&(\exists c, d, n)(\forall i \leq n)[\mathrm{Axiom}\,\beta(c, d, i) \vee \\ &\qquad (\exists j < i)(\beta(c, d, j)\,\mathrm{subst}\,\beta(c, d, i)) \vee\end{aligned}$$

---

†5 スマリヤンは，有限列に対して連結を用いる方法を採用した．なぜなら，数論を使うことを避けたかったからである．しかしながら，何をもって「数論」といっているのか，私にはよくわからない．たとえば，「x は 2 のべき乗」の定義でも，除数の性質を使っているといえる．

$$(\exists j, k < i)(\beta(c,d,j), \beta(c,d,k) \, \mathrm{modusponens} \, \beta(c,d,i))]$$

そして，最終的に「x は定理である」は，「x は数列の最後の項である」ことを表す論理式 $\beta(c,d,n) = x$ を追加した，次のような Σ_1^0 論理式によって表される．

$$\begin{aligned}
&(\exists c, d, n)[\beta(c,d,n) = x \wedge \\
&\qquad (\forall i \leq n)[\mathrm{Axiom} \, \beta(c,d,i) \vee \\
&\qquad\qquad (\exists j < i)(\beta(c,d,j) \, \mathrm{subst} \, \beta(c,d,i)) \vee \\
&\qquad\qquad (\exists j, k < i)(\beta(c,d,j), \beta(c,d,k) \, \mathrm{modusponens} \, \beta(c,d,i))]]
\end{aligned}$$

それゆえ，語 w の EFS 生成集合 W は，定義によってある EFS の定理 Pw の集合に対応する．したがって，W は Σ_1^0 になることが導かれる．

5.9 計算的枚挙の算術化

この節では，空でない Σ_1^0 集合 S は計算可能なやり方で「列挙」できるというアイデアを定式化していこう．正確にいえば，値域を S とする関数 f で，S の要素が $f(0), f(1), f(2), \ldots$ と列挙されるようなものが存在し，f は計算可能であることを示す．ここで，f が計算可能であるとは，関係 $f(m) = n$ が PA の Σ_1^0 論理式でも Π_1^0 論理式でも表せるという意味である．つまり，計算可能であることは，計算的枚挙可能で，かつ，計算的枚挙可能な補集合をもつことと算術的に同値である．

再帰の算術化

f の定義を算術化する際に大きな問題点となるのは，その定義が**再帰法**であるとき，すなわち，$f(m+1)$ が $f(m)$ を使って定義されているときである．算術化をできるだけ滞りなく進められるよう，まず再帰法（の特別な場合）をどのように算術化するかを説明する．

定義　関数 $F : \mathbb{N} \to \mathbb{N}$ は，関係 $F(n) = m$ が PA の言語での論理式 $\psi(m,n)$ と同値ならば，PA において表現可能，または，**算術的に表現可能**という．

再帰の算術化 F が算術的に表現可能で，f が $f(0) = x_0$ と $f(m+1) = F(f(m))$ によって定義されているならば，f は算術的に表現可能である．

証明 証明のアイデアは，$x_0 = f(0)$ で，それぞれの $i < m$ に対して $x_{i+1} = F(x_i)$ であるような数列 $x_0, x_1, \ldots, x_m$ の最後の項が $f(m)$ になるというものである．前節のゲーデルの β 関数を用いると，このような数列の存在を示すことができる．具体的には，ある c と d に対して $x_i = \beta(c, d, i)$ とすると，関係 $f(m) = n$ は

$$(\exists c, d)[\beta(c, d, 0) = x_0 \wedge (\forall i < m)(\beta(c, d, i+1) = F(\beta(c, d, i))) \\ \wedge \beta(c, d, m) = n]$$

になる．β 関数と F は算術的に表現可能なので，これで f を表現する算術的な論理式が得られた． □

この段階で，この論理式の明示的な量化子は，先頭にある存在量化子だけだということに注意しよう．したがって，F そのものが Σ_1^0 だとすると，関係 $f(m) = n$ に対する Σ_1^0 論理式が得られるだろう．また，関係 $f(m) \neq n$ に対する Σ_1^0 論理式も得られる．なぜなら，論理式の最後にある「$= n$」を「$\neq n$」に変えるだけでよいからである．すると，$f(m) = n$ は $\neg f(m) \neq n$ と同値である．したがって，$f(m) = n$ は，$f(m) \neq n$ に対する Σ_1^0 論理式の否定，すなわち，Π_1^0 論理式によっても表すことができる．

計算的枚挙

単純な前提でうまく証明するために，二，三の初等的な考察をしてみよう．

まず，φ を Σ_0^0 とするとき，任意の Σ_1^0 論理式 $\exists m_1 \cdots \exists m_k \, \varphi(m_1, \ldots, m_k, n)$ は，単一の存在量化子をもつ Σ_1^0 論理式，具体的には，

$$\exists m \, \varphi(P_1^k(m), \ldots, P_k^k(m), n)$$

と同値であることがわかる．ただし，$P_1^k, \ldots, P_k^k$ は k 個組関数 P^k に対する射影関数である．このような関数は，すべて 2.4 節の対関数 P に基づく．すなわち，k 個組関数は

$$P^2(m_1, m_2) = P(m_1, m_2)$$
$$P^3(m_1, m_2, m_3) = P(m_1, P(m_2, m_3))$$
$$P^4(m_1, m_2, m_3, m_4) = P(m_1, P(m_2, P(m_3, m_4)))$$

というように定義される．そして，たとえば，$m = P^3(m_1, m_2, m_3)$ ならば，その射影関数は

$$P_1^3(m) = m_1, \quad P_2^3(m) = m_2, \quad P_3^3(m) = m_3$$

となる．(2.4 節によって)

$$P(x, y) = z \Leftrightarrow 2 \cdot z = 2 \cdot x + (x + y)(x + y + 1)$$

なので，対関数 P は Σ_0^0 である．したがって，その射影関数も Σ_0^0 である．なぜなら，

$$P_1(z) = x \Leftrightarrow (\exists y \leq z)[P(x, y) = z], \quad P_2(z) = y \Leftrightarrow (\exists x \leq z)[P(x, y) = z]$$

となるからである．このことから，関数 $P^k, P_1^k, \ldots, P_k^k$ はすべて Σ_0^0 であり，したがって，

$$\exists m\ \varphi(P_1^k(m), \ldots, P_k^k(m), n)$$

は Σ_1^0 論理式である．

すると，一般性を失うことなく，**任意の $\boldsymbol{\Sigma_1^0}$ 集合 S は，φ を $\boldsymbol{\Sigma_0^0}$ 論理式として，次のように定義されると仮定してよい．**

$$n \in S \Leftrightarrow \exists m\ \varphi(m, n)$$

つぎに，S が空でなく有限ならば，$\varphi(m, n)$ を無限個の対 $\langle m, n \rangle$ に対して成り立つように選ぶことができる．具体的には，$S = \{n_1, \ldots, n_l\}$ ならば，

$$n \in S \Leftrightarrow \exists m \varphi(m, n)$$

とすればよい．ただし，$\varphi(m, n) = [m = m \land (n = n_1 \lor \cdots \lor n = n_l)]$ である．

Σ^0_1 集合の計算的枚挙　S が空でない Σ^0_1 集合ならば，S は Σ^0_1 かつ Π^0_1 である関数 g の値域になる．

証明　前に注意したことによって，

$$n \in S \Leftrightarrow \exists m\, \varphi(m,n)$$

であり，Σ^0_0 論理式 φ は無限個の対 $\langle m,n\rangle$ に対して成り立つと仮定してよい．まず，$\varphi(m,n)$ であるような (m,n) に対する数 $t = P(m,n)$ からなる値域をもつ関数 f を考える．具体的には，f を次のように再帰的に定義する．

$$f(0) = t \text{ は } \varphi(P_1(t), P_2(t)) \text{ となる最小の } t$$
$$f(s+1) = t \text{ は } f(s) \text{ より大きく，} \varphi(P_1(t), P_2(t)) \text{ となる最小の } t$$

言い換えると，

$$\begin{aligned} F(u) = v &\Leftrightarrow v \text{ は } u \text{ より大きく } \varphi(P_1(t), P_2(t)) \text{ となる最小の } t \\ &\Leftrightarrow v > u \wedge \varphi(P_1(v), P_2(v)) \wedge (\forall i < v)(i > u \Rightarrow \neg\varphi(P_1(i), P_2(i))) \end{aligned}$$

とするとき，f は（適当な t_0 に対する）等式 $f(0) = t_0$ と $f(s+1) = F(f(s))$ によって再帰的に定義される．このように，F は Σ^0_0 として定義され，したがって，再帰関数の算術化から f は Σ^0_1 かつ Π^0_1 である．

そして，f の値域は $\{t \mid \varphi(P_1(t), P_2(t))\} = \{P(m,n) \mid \varphi(m,n)\}$ である．また，$P_2(P(m,n)) = n$ なので，関数

$$g(t) = P_2(f(t))$$

の値域は $\{n \mid \exists m\, \varphi(m,n)\}$ となり，求める関数が得られた．　□

5.10　計算可能解析学の算術化

ここまでで，計算的枚挙可能集合，計算可能集合，計算可能関数の算術的意味を確認した．ここからは，PA の公理をどのように修正すれば計算可能解析学の体系になるかを見ていこう．

まず，計算可能集合の存在を主張する公理（図式）がなければならない．す

なわち，Σ_1^0 形式でも Π_1^0 形式でも表すことのできる自然数の性質 φ に対して，**再帰的内包公理**とよばれる次の公理を考える．（この「再帰的」は計算可能を意味する．）

$$\exists X\ \forall n\ [n \in X \Leftrightarrow \varphi(n)] \qquad \text{(RCAx)}$$

RCAx は，実際には公理図式である．なぜなら，Σ_1^0 と Π_1^0 の両方の形式で表すことのできる性質 φ は無限にあるからである．また，φ は X 以外の集合変数を含む可能性があることにも注意しよう．これによって，任意の集合に計算可能演算を適用できる．たとえば，Y が集合ならば，Y に属する偶数の集まり Z も集合になることが RCAx からしたがう．なぜなら，

$$n \in Z \Leftrightarrow n \in Y \wedge (\exists m < n)(n = 2 \cdot m)$$

であり，右辺の条件は Σ_1^0 かつ Π_1^0 であるからである．

つぎに，次のような PA の帰納法の公理（図式）を Σ_1^0 論理式 φ に制限する．

$$[\varphi(0) \wedge \forall n\ (\varphi(n) \Rightarrow \varphi(n+1))] \Rightarrow \forall n\ \varphi(n)$$

このように制限した公理図式を **Σ_1^0 帰納法**とよぶ．帰納法を Σ_1^0 帰納法に制限し，再帰的内包公理を追加することによって PA から得られる体系は，“recursive comprehension axiom”（再帰的内包公理）[†6]の頭文字をとって RCA_0 とよばれる．

第 4 章で見たように，計算可能で**ない**集合や関数は数多くあるので，RCA_0 の範囲は限定的と予想される．実際，RCA_0 は解析学の基本的な定理の多くを証明できないことがわかる．しかしながら，RCA_0 は重要な定理の間の**同値性**を驚くほどうまく証明できるのである．たとえば，RCA_0 は，ハイネ－ボレルの定理や連続関数に対する極値定理を無条件には証明できないが，それらの定

---

†6　ここでの「再帰的」という語は，すべての計算可能関数が「再帰的」とよばれた当時（おおよそ 1930〜1990 年）の名残りである．今日では，一般的な計算概念を意味する「計算可能」という語のほうが好まれる．そして，「再帰的」は，（前節での定義のように）関数の値がその関数のそれまでの値によって決まるという**定義**に限定されることが多い．しかし，「再帰的内包公理」に関しては，「再帰的」という語が定着しているように思われる．

RCA_0 の添字 0 にも歴史的経緯がある．フリードマンは，すべての算術的論理式 φ に対する帰納法をもつ体系 RCA を提案した [31]．しかし，通常は Σ_1^0 帰納法で十分であることを発見し [32]，それに従って体系の名前を変えた．基本となる体系は可能な限り初等的であってほしいので，Σ_1^0 帰納法のほうがよいとされている．

理が同値であることは証明できる．このことから，RCA_0 は解析学の基礎理論として適したものになっている．なぜなら，基礎理論の役割は，「初等的」でない定理どうしの同値性を「初等的」に証明することだからである．

RCA_0 における証明の例

前節の Σ^0_1 集合の計算的枚挙に関する証明は，次の定理によって RCA_0 の証明に翻訳される．

関数による $\boldsymbol{\Sigma^0_1}$ 条件の実現　任意の Σ^0_1 条件 $\exists m\, \varphi(m,n)$ に対して，関数 $g:\mathbb{N}\to\mathbb{N}$ で $\exists m\,[g(m)=n] \Leftrightarrow \exists m\,\varphi(m,n)$ となるものが存在する．

証明　Σ^0_1 集合の計算的枚挙の証明と同じように，与えられた $\varphi(m,n)$ に対して，その値 n が $\exists m\,\varphi(m,n)$ を満たすような関数 g の定義を書き下していくことができる．関数 g は Σ^0_1 論理式としても Π^0_1 論理式としても定義できるので，再帰的内包公理によって g は存在する．

Σ^0_1 集合の計算的枚挙の証明において，最初の段階は，$\varphi(m,n)$ を満たすような数 $t=P(m,n)$ の全体を値域とするような関数 f の再帰的定義であったが，それは Σ^0_1 帰納法によって示すことができる．したがって，g は存在し，$\exists m\,[g(m)=n] \Leftrightarrow \exists m\,\varphi(m,n)$ であるという RCA_0 の証明が得られた．　□

RCA_0 において関数 g の存在が証明されるというのは，順序対 $\langle n, g(n)\rangle$ の集合が計算可能であるということであった．上記の証明では，RCA_0 において，g の値域である集合 $\{n \mid \exists m\,\varphi(m,n)\}$ が存在することを証明したことには**ならない**．実際，$\{n \mid \exists m\,\varphi(m,n)\}$ が計算的枚挙可能だが計算可能でないならば，RCA_0 においてその存在を証明できない．

集合 $\{n \mid \exists m\,\varphi(m,n)\}$ の存在を主張するためには，再帰的内包公理だけでなく，**$\boldsymbol{\Sigma^0_1}$ 内包公理**が必要になる．Σ^0_1 内包公理をもつ ACA_0 とよばれる体系は，次章の主題である．

RCA_0 の最小モデル

再帰的内包公理は，$0, S(0), SS(0), \ldots$ を自然数として普通に解釈される（かつそれ以外の数を含まないような）RCA_0 の任意のモデルに，計算可能集合がすべて含まれることを意味する．なぜなら，計算可能集合とは，Σ^0_1 論理式と Π^0_1 論理式の両方で定義可能な集合そのものだからである．したがって，このような集合は，再帰的内包公理を満たす任意のモデルで必ず存在する．また，そのモデルでは，計算可能集合だけが得られれば十分である．なぜなら，Σ^0_1 かつ Π^0_1 であるような条件によって，計算可能集合から定義できる任意の集合も，それ自体が計算可能だからである．

このようにして，RCA_0 の**最小モデル**は，（数変数の解釈である）自然数と（集合変数の解釈である）計算可能集合から構成される．このことから，RCA_0 の任意の定理は，最小モデルで成り立たなければならないことが導かれる．計算可能でない集合の存在を含む定理が RCA_0 で証明できないのは，このためである．

たとえば，RCA_0 はすべての関数 g の値域の存在を証明できるわけではない．なぜなら，計算可能でない（したがって最小モデルに含まれない）値域をもつ計算可能な（したがって最小モデルに含まれる）関数 g が存在するからである．

第6章 算術的内包公理

Arithmetical Comprehension

PA に基づいて，集合変数をもつ体系の中で解析学を展開したいのであれば，まずは，**算術的内包公理**とよばれるもっとも疑う余地のない集合存在公理を用いるべきである．この公理は，PA の言語で定義可能なそれぞれの性質 φ に対して，自然数の集合 X の存在を主張する．

もっと正確にいえば，$\varphi(n)$ が PA の言語と集合変数（ただし，**集合量化子は含まない**）によって定義された性質ならば，$\varphi(n)$ を満たす自然数 n の集合 X が存在すると述べている．それを記号で表記すると，

$$\exists X \forall n[n \in X \Leftrightarrow \varphi(n)] \tag{*}$$

となる．上記のように定義されたすべての論理式 φ に対して (*) が成り立つことを主張しているので，実際には，算術的内包公理は公理図式である．

φ に集合変数を許すのは，5.10 節で述べたように，「与えられた」集合を使って集合が定義できるようにするためである．φ に集合量化子を許さないのは，自然数の集合全体を使って（すなわち，定義しようとしている集合そのものを使って）集合が定義されるのを避けるためである．

PA と算術的内包公理 (*) から構成される体系は ACA_0 とよばれ，解析学の公理体系の中の「中核」として注目されている．この体系は，純粋数論の定理（すなわち，集合変数を含まない定理）を証明することにおいては，PA とまったく同じ強さをもつのだが，のちほどわかるように，解析学の基本的な定理をすべて証明できる強さをもっている．

さらに驚くべきことに，算術的内包公理は，単に解析学の基本的な定理を含意するだけではない．実際，算術的内包公理は，解析学の基本的な定理のいくつかと**同値**であるし，その同値性は，前章の最後に紹介した「計算可能解析学」の弱い体系 RCA_0 で証明できる．

6.1　公理系 ACA_0

ACA_0 は PA と同じ公理をもつ．ただし，PA の帰納法は，（2.6 節で述べた）次のような集合変数の帰納法に置き換えられている．

$$\forall X\,[[0 \in X \wedge \forall n(n \in X \Rightarrow n+1 \in X)] \Rightarrow \forall n(n \in X)]$$

そして，集合存在公理（図式）は，次のような**算術的内包公理**である．

$$\exists X \forall n(n \in X \Leftrightarrow \varphi(n)) \tag{ACAx}$$

ただし，$\varphi(n)$ は，集合量化子を含まず，X が自由変数ではないような任意の論理式とする．とくに，$\varphi(n)$ が集合変数を含まない論理式，すなわち PA の論理式であれば，前述の集合変数の帰納法は性質 $\varphi(n)$ を満たすような n の集合 X に対して成り立つ．すなわち，

$$[\varphi(0) \wedge \forall n(\varphi(n) \Rightarrow \varphi(n+1))] \Rightarrow \forall n \varphi(n)$$

となる．このように，算術的内包公理によって，集合変数の帰納法は PA の帰納法を含意することになる．それゆえ，PA のすべての定理は ACA_0 で証明できる．6.8 節では，ACA_0 について，これとは逆のさらに驚くべき事実，すなわち，集合変数を含まない ACA_0 の定理は PA の定理であるという事実を説明する．

このように，自然数の集合についての（すなわち，実数と関数についての）事実を証明する ACA_0 の能力は，自然数そのものについての事実を証明するためには何の役にも立たない．しかしながら，このあとの節でわかるように，ACA_0 では解析学の基本的な定理が証明できる[†1]．

[†1] ACA_0 の添字 0 は，ACA_0 が ACA とよばれる体系を弱めたものであるという歴史的な経緯を反映している．ACA では，集合量化子をもつ任意の論理式 φ についての帰納法が許された．ACA は ACA_0 のような「中核」に位置しない．なぜなら，ACA は純粋数論の定理を証明することにおいて，PA より強いからである．6.6 節では，そのような定理の例を示す．

$\mathsf{ACA_0}$ の最小モデル

ACA_0 の公理にはペアノの公理が含まれる．したがって，ACA_0 の任意のモデルは，自然数の性質をもった $0, S(0), SS(0), \ldots$ と表記される対象を含む[†2]．逆に，ペアノの公理を満たすためには，ACA_0 のモデルに含まれるこれらの対象で**十分**である．

それに加えて，ACA_0 のモデルは，算術的内包公理図式 (ACAx) を満たすために，$0, S(0), SS(0), \ldots$ と表記される対象の集合の**部分集合**を十分多く含まなければならない．PA の論理式 $\varphi(n)$ それぞれに対して ACAx の代入例が存在するので，このような部分集合は，算術的に定義可能な集合をすべて含む．逆に，ACA_0 の公理を満たすためには，算術的に定義可能な集合であれば十分である．たとえ，集合を定義する論理式 $\varphi(n)$ が集合変数を含む場合でも，算術的に定義可能な集合は算術的内包公理を満たす．なぜなら，ほかの算術的に定義可能な集合によって定義された集合は，それ自体が算術的に定義可能だからである．そして，算術的に定義可能な集合は，集合変数の帰納法も満たす．なぜなら，前述のように，帰納法の公理の X が算術的に定義可能な集合の場合，その公理は PA の帰納法の代入例になるからである．

このようにして，ACA_0 の最小モデルは，自然数と算術的に定義可能な自然数の集合すべてから構成される．

6.2　Σ^0_1 と算術的内包公理

この節では，算術的内包公理は，一見するとそれよりも弱い内包公理である **$\boldsymbol{\Sigma^0_1}$ 内包公理**

$$\exists X(n \in X \Leftrightarrow \varphi(n))$$

から導かれることを証明する．ただし，$\varphi(n)$ は X が自由変数ではないような Σ^0_1 論理式である．（したがって，φ の任意の集合変数は X と相異なり，量化もされていない．）Σ^0_1 内包公理から算術的内包公理が導けるのは，Σ^0_1 論理式 $\varphi(n)$ が集合変数も含むので，それまでに定義された集合を**使って**求める集合を定義

[†2] 訳注：そのように表記される数以外の対象（超準元）も含むモデルが存在する．ただし，以下では超準元を含まないモデルのみが扱われている．巻末解説を参照のこと．

できるからである．

Σ_1^0 内包公理 $\Rightarrow$ 算術的内包公理　算術的内包公理のそれぞれの代入例は，Σ_1^0 内包公理によって証明可能である．

証明　2.6 節から，それぞれの算術的論理式は，ある n に対して Σ_n^0 であることがわかる．したがって，n に関する帰納法によって，算術的内包公理の代入例が Σ_n^0 であれば，Σ_1^0 内包公理から証明可能であることを証明すればよい．

起点段階となる $n=1$ の場合は，Σ_1^0 内包公理によってすぐに証明できる．したがって，あとは Σ_1^0 内包公理によって，Σ_k^0 集合から Σ_{k+1}^0 集合がどのように得られるかを示せばよい．

$\varphi(n) = \exists l \forall m \psi(l,m,n)$ を Σ_{k+1}^0 論理式とすると，$\exists m \neg\psi(l,m,n)$ は Σ_k^0 論理式である．このとき，帰納法の仮定と Σ_1^0 内包公理によって，集合

$$Y = \{\langle l,n\rangle \mid \exists m \neg\psi(l,m,n)\}$$

を得ることができる．$\langle l,n\rangle \notin Y \Leftrightarrow \forall m \psi(l,m,n)$ であることに注意すると，集合

$$X = \{n \mid \varphi(n)\}$$

は，次の論理式によって定義可能である．

$$\begin{aligned} n \in X &\Leftrightarrow \exists l \forall m \psi(l,m,n) \\ &\Leftrightarrow \exists l(\langle l,n\rangle \notin Y) \end{aligned}$$

2 行目の論理式は，自由集合変数 Y をもつ Σ_1^0 論理式である．Y は Σ_1^0 内包公理によって得ることができるので，それゆえ，X も得ることができる．□

Σ_1^0 内包公理と関数の値域

Σ_1^0 内包公理が次の命題と（RCA_0 において）同値であると示すことによって，算術的内包公理と解析学の結びつきは確実なものとなる．

値域の存在　任意の単射 $f:\mathbb{N}\to\mathbb{N}$ の値域は存在する．

あきらかに，Σ_1^0 内包公理は値域の存在を含意する．なぜなら，f の値域 R は，次の Σ_1^0 論理式によって f から定義可能だからである．

$$n \in R \Leftrightarrow \exists m[f(m) = n]$$

しかしながら，逆はそう簡単ではない．逆の含意を示すには，5.9 節で確かめた再帰の算術化と，5.10 節の再帰的内包公理が必要になる．（Σ_1^0 内包公理を得るには，**何らか**の内包公理を仮定する必要があるだろう．）

値域の存在 ⇒ $\boldsymbol{\Sigma_1^0}$ 内包公理　任意の単射 $f : \mathbb{N} \to \mathbb{N}$ の値域が存在するならば，Σ_1^0 内包公理が成り立つ．

証明　5.10 節で見たように，RCA_0 においては，与えられた条件が Σ_1^0 であれば，それを満たすような値をもつ関数の存在を証明できる．したがって，任意の関数の値域が存在するならば，任意の Σ_1^0 条件を満たす値の集合も存在する．

すなわち，Σ_1^0 内包公理が成り立つ． □

$\boldsymbol{\Sigma_1^0}$ 帰納法と ACA_0 より弱い体系

このあとの章で，ACA_0 と，ACA_0 よりも弱い集合存在公理と帰納法をもつ体系を比較する．その体系では，**$\boldsymbol{\Sigma_1^0}$ 帰納法**とよばれる次のような帰納法が用いられる．

$$[\varphi(0) \wedge \forall_n(\varphi(n) \Rightarrow \varphi(n+1))] \Rightarrow \forall n \varphi(n) \quad \text{（ただし，}\varphi\text{ は }\Sigma_1^0\text{ 論理式とする）}$$

ACA_0 では，算術的内包公理のおかげで，任意の算術的な φ に対する帰納法は Σ_1^0 帰納法に含まれる．しかし，もっと弱い内包公理をもつ体系では，これは成り立たない．ここで関心のある弱い体系は次の二つである．

- 集合存在公理図式が**計算可能**集合の存在だけを主張する RCA_0
- 集合存在公理図式が，計算可能集合の存在に加えて，無限二分木における無限に長い道の存在（弱ケーニヒの補題）を主張する WKL_0

RCA_0 では，解析学の基本的な定理で証明できるものは少なく，たとえば中間値の定理しか証明できない．しかしながら，RCA_0 は，集合存在公理と解析学の定理の間の興味深いいくつもの**同値性**を証明できるほどには十分強力である．

この章ではそのような同値性のいくつかを証明し，次章ではなぜそれらの証明が RCA_0 の中でできるのかについて述べる．実際には，RCA_0 での証明はすでに行っている．それは，値域の存在 $\Rightarrow$ 内包公理である．この証明が RCA_0 における証明だといえるのは，5.10 節やこの節で考察したように，この証明で仮定しているのは，計算可能集合の存在と Σ_1^0 帰納法だけだからである．大雑把にいえば，A によって存在が主張される対象から B によって存在が主張される対象を計算できるならば，含意 $A \Rightarrow B$ は RCA_0 において証明可能である．

6.3 ACA_0 における完備的な性質

この節では，算術的内包公理と，次に列挙する $\mathbb{R}$ の完備的な性質が同値であることを証明して，ACA_0 が解析学の基本を押さえていることを確認する．これらの結果はフリードマンによって発表された [32]．

1. **(数列に対する) ボルツァーノ–ワイエルシュトラスの定理**
   任意の有界な無限実数列は収束する部分列をもつ．
2. **(数列に対する) 最小上界原理**
   任意の有界な実数列は最小上界をもつ．
3. **コーシーの収束判定条件**
   数列 $x_0, x_1, x_2, \ldots$ は，任意の $\varepsilon > 0$ に対して，ある n ですべての $m > n$ について $|x_m - x_n| < \varepsilon$ となるようなものが存在するという性質をもつならば，収束する．
4. **単調収束定理**
   任意の有界な単調列は収束する．

これらの有名な定理の証明から，その定理のもつ「算術的内容」が明らかになる．

効率よく証明するために，実数，実数列，閉区間列などは，第 2 章で説明したように，自然数の集合によって符号化されていると仮定する．このとき，算術的内包公理によって，算術的条件（とそれによって定まる対象，たとえば，縮小閉区間列によって定まる実数など）で定義されるさまざまな列が存在すると主張できる．それらの条件の同値性は，図 6.1 に示した含意関係を用いて証明

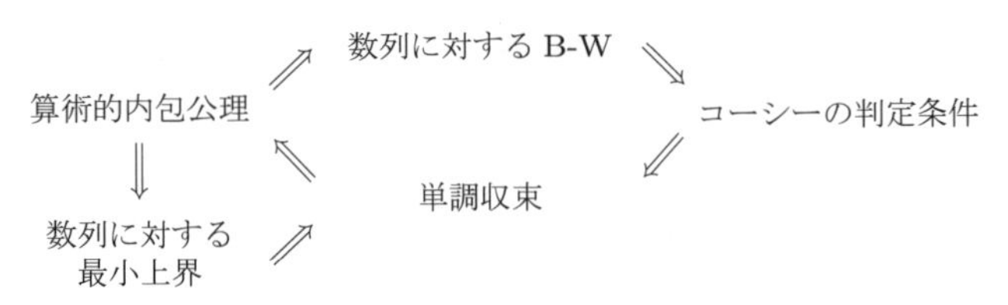

図 6.1 完備的な性質どうしの含意関係

される.

算術的内包公理 ⇒ 数列に対するボルツァーノ–ワイエルシュトラス (B-W)

証明 $x_0, x_1, x_2, \ldots$ を実数列とするとき，一般性を失うことなく，それぞれ $x_i \in [0,1] = I_0$ であると仮定してよい．収束する部分列を見つけるために，I_0 を 2 等分し，無限個の x_i を含むもっとも右側の半分を I_1 とし，I_1 に対して同じ処理を繰り返す．この処理により，次の区間列が定まる．

$$I_k = [f(k) \cdot 2^{-k}, (f(k)+1) \cdot 2^{-k}]$$

ただし，

$$f(k) = \text{無限個の } i \text{ に対して，} j \cdot 2^{-k} \leq x_i \leq (j+1) \cdot 2^{-k} \text{ となるような最大の } j < 2^k$$

とする．

この定義は算術的であり，したがって，算術的内包公理によって f は存在する．（その結果，区間列 $I_0, I_1, I_2, \ldots$ も存在する．）また，I_k は縮小閉区間になっていて，Σ_1^0 帰納法によって I_k の長さは 2^{-k} である．したがって，この区間列は実数 x を定義する．ここで，数列 $x_0, x_1, x_2, \ldots$ と区間列 $I_0, I_1, I_2, \ldots$ から，

$$x_{n_k} = I_k \text{ に属する } x_0, x_1, x_2, \ldots \text{ のうちで，} n_k > n_{k-1} \text{ となるような最初の元}$$

と（これも算術的に）定義すると，この数列は，区間 I_k によって定義される点 x に収束する． □

数列に対するボルツァーノ–ワイエルシュトラス ⇒ コーシーの判定条件

証明 数列 $x_0, x_1, x_2, \ldots$ がコーシーの判定条件

$$(\forall \varepsilon > 0)\exists n \forall m(m > n \Rightarrow |x_m - x_n| < \varepsilon) \tag{*}$$

を満たすと仮定する．このとき，この数列は有界であり，その結果，ボルツァーノ–ワイエルシュトラスによって収束する部分列をもつ．

この部分列 $x_{n_0}, x_{n_1}, x_{n_2}, \ldots$ の極限 x は，必然的に $x_0, x_1, x_2, \ldots$ の極限である．なぜなら，x_{n_k} と x の距離が ε 未満ならば，(*) によって，$m > n_k$ であるようなすべての x_m は，x との距離が 2ε 未満であるからである．その結果，$x_0, x_1, x_2, \ldots$ の極限は存在して x に等しくなる． □

コーシーの判定条件 ⇒ 単調収束

証明 これが成り立つ理由は，コーシーの判定条件を**満たさない**単調列は非有界だからである．その理由は次のとおり．$\varepsilon > 0$ で，すべての $m > n$ に対して $x_m - x_n < \varepsilon$ となる n が存在しないようなものがあると仮定する．この場合，任意の n に対して，ある $m > n$ で $x_m - x_n > \varepsilon$ となるものが存在する．（ここでは，単調列が単調増加であると仮定している．）このようにして，どんどん大きい n を探すと，単調列

$$x_n < x_m < x_{n'} < x_{m'} < x_{n''} < x_{m''} < \cdots$$

で，次の条件を満たすものが見つかる．

$$x_m - x_n \geq \varepsilon, \quad x_{m'} - x_{n'} \geq \varepsilon, \quad x_{m''} - x_{n''} \geq \varepsilon, \quad \cdots$$

したがって，数列 $x_0, x_1, x_2, \ldots$ は限りなく大きくなる．

このようにして，有界な増加列はコーシーの判定条件を満たし，その結果収束する．（有界な減少列についても同様である．） □

単調収束 ⇒ 算術的内包公理

証明 任意の単射 $f: \mathbb{N} \to \mathbb{N}$ に対して，f の値域が存在することを証明すれば十分である．なぜなら，6.2 節で説明したように，この値域の存在は Σ_1^0 内包公理を含意するからである．（その結果，算術的内包公理も含意する．）

与えられた単射 $f : \mathbb{N} \to \mathbb{N}$ に対して，f からその値域を具体的に**計算**して，f の値域が存在することを証明する．まず，次のような有界な増加列 $c_0, c_1, c_2, \ldots$ を計算する[†3]．

$$c_n = \sum_{i=0}^{n} 2^{-f(i)}$$

単調収束定理によって，

$$c = \lim_{n \to \infty} c_n = \sum_{i=0}^{\infty} 2^{-f(i)}$$

が存在する．そして，c から f の値域に属する自然数 n の集合を計算できる．なぜなら，

$$n \in \operatorname{range} f \Leftrightarrow c \text{ の二進小数展開の } n \text{ 桁目が } 1 \tag{6.1}$$

となるからである． □

算術的内包公理 ⇒ 数列に対する最小上界

証明 $x_0, x_1, x_2, \ldots$ を有界な実数列とし，これまでと同様に $x_i \in [0,1] = I_0$ と仮定する．I_1 をある x_i を含むもっとも右側の I_0 の半分とする．一般に，

$$I_{k+1} = \text{ある } x_i \text{ を含むもっとも右側の } I_k \text{ の半分}$$

とする．このとき，算術的内包公理 ⇒ ボルツァーノ－ワイエルシュトラスを証明したときと同じように，算術的内包公理より，区間列 $I_0, I_1, I_2, \ldots$ には共通点 x が存在する．

I_k と x の定義から，$x_i \leq x$ となるが，$y < x$ ならばある x_i が存在して，$y < x_i$ であることが導かれる．したがって，x は x_i の最小上界である． □

数列に対する最小上界 ⇒ 単調収束

証明 これは，単調増加数列の最小上界がその数列の極限であることからわかる．そして，単調減少数列も単調増加数列の符号を反転させたものと考えると，同様に極限をもつことがわかる． □

[†3] これは，4.4 節において用いた，計算可能でない極限をもつ計算可能列の構成法とまったく同じであることに注意しよう．

6.4　木構造の算術化

第3章において，解析学の基本的な定理の多くが無限2等分処理から導かれることがわかった．3.9節では，この構成法が，「無限二分木には無限に長い道がある」という**弱ケーニヒの補題**を反映したものであると述べた．弱ケーニヒの補題とよばれるのは，その補題が，「無限の**有限分岐**木には無限に長い道がある」という**ケーニヒの補題**の特別な場合だからである．次節では，ACA_0 においてケーニヒの補題を証明する．その証明はきわめて単純だが，準備として，正整数の集合による木構造のうまい符号化を見つけておかなければならない．この符号化には2通りの自然な方法がある．そのうちの一つは二分木に特化した方法で，もう一つは一般の木構造に対する方法である．

いずれの方法も，木構造のそれぞれの頂点は，次のように正整数の有限列によって符号化される．「最上位」の頂点は空列に符号化され，そのほかのすべての頂点 v は，v の「すぐ上」にある頂点が $\langle n_1, \ldots, n_{k-1} \rangle$ と符号化されるとき，$\langle n_1, \ldots, n_{k-1}, n_k \rangle$ と符号化される．5.8節において，有限列を符号化する次の2通りの方法を示した．

- 「記号」$a_1, a_2, a_3, \ldots$ をそれぞれ二値数項 $12, 122, 1222, \ldots$ で符号化し，それらを連結関数 $\frown$ によってつなぎ合わせる．
- ある c, d と $i = 1, 2, \ldots, k$ を用いて，正整数列 $n_1, n_2, \ldots, n_k$ をゲーデルの β 関数 $\beta(c, d, i)$ によって符号化する．

いずれの方法を使ってもよいが，前者のほうが好ましいだろう．なぜなら，連結は木構造において重要な役割を果たしており，二値数項に対する関数 $\frown$ はすでに定義されているからである．

実際には，二分木の頂点は，どのような二値数項でも表現できる．**完全**二分木 C の頂点は，図6.2に示したように名前づけされる．（この名前づけは図3.7と同じであるが，ここでは二進数項ではなく二値数項を用いている．）そして，任意の二分木 B は C の部分木である．すなわち，B は，$u^\frown 1 \in B$ または $u^\frown 2 \in B$ ならば $u \in B$ であるという性質をもった二値数項の集合である．

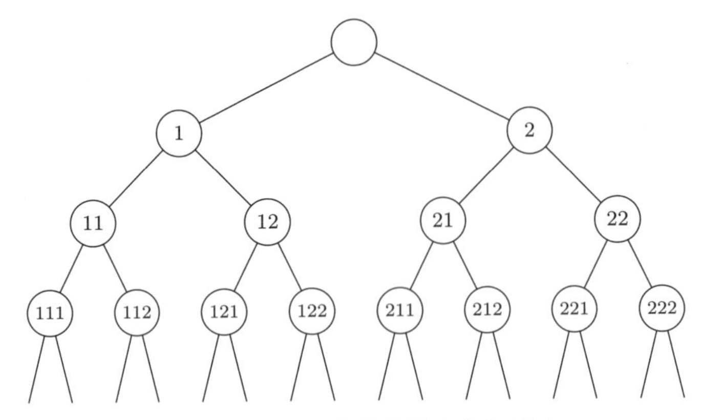

図 6.2 二値数項で名前づけした完全二分木

定義 木は，次のような性質をもつ（二値数項によって適切に符号化された）有限正整数列の集合 T である．

$$\langle n_1, \ldots, n_{k-1}, n_k \rangle \in T \Rightarrow \langle n_1, \ldots, n_{k-1} \rangle \in T$$

T は，それぞれの $\langle n_1, \ldots, n_{k-1} \rangle \in T$ に対して，$\langle n_1, \ldots, n_{k-1}, n_k \rangle \in T$ となる n_k が有限個であるとき，**有限分岐木**である．ある $n_1, \ldots, n_l$ に対して，$u = \langle m_1, \ldots, m_k \rangle$ かつ $v = \langle m_1, \ldots, m_k, n_1, \ldots, n_l \rangle$ ならば，頂点 v は頂点 u の**延長**である．

木 T の**無限に長い道**は，それぞれの $\langle n_1, n_2, \ldots, n_k \rangle$ が T に属するような無限列 $\langle n_1, n_2, n_3, \ldots \rangle$ である．

たとえば，完全二分木において，頂点 122 は頂点 1 の延長であり，$111 \cdots$ はこの木のもっとも左側にある無限に長い道である．

6.5 ケーニヒの補題

この節で示すように，ケーニヒの補題と算術的内包公理の同値性を示すことによって，ケーニヒの補題の強さを評価できる．この同値性は，フリードマンによって発表された[32]．驚くべきことに，見た目には同じような証明であるにもかかわらず，実際には，弱ケーニヒの補題はケーニヒの補題よりも弱い．これら二つの補題の証明では，木構造の無限の部分へとつながる有限個の辺の中から 1 本の辺を選ぶという処理を繰り返して，無限に長い道を見つける．

理由は自明ではないが，この辺を 2 本の中から選ぶか，任意の有限個の中から選ぶかによって違いが生じる．次章では，弱ケーニヒの補題を調べ，この補題と同値な非常に興味深い定理があることを確認する．

ケーニヒの補題　T が無限の有限分岐木ならば，T は無限に長い道を含む．

証明　前節と同じように，木を自然数の有限列 u の集合 T で表現する．T のそれぞれの元 u は頂点を表現するので，u の始切片もまた T に属す．また，u の始切片は，u から最上位の頂点（空列）への一意な道の上にある，u よりも上の頂点を表現している．$u = \langle n_1, \ldots, n_{k-1} \rangle$ の後者となりうるのは，列 $\langle n_1, \ldots, n_{k-1}, n_k \rangle$ である．ここで，$n_k \in \mathbb{N}$ である．n_k の大きさによってこの列を順序づける．

T が有限分岐木であるという仮定は，それぞれの $u \in T$ には有限個の後者しかないことを意味する．ケーニヒの補題は，$\langle n_1, \ldots, n_k \rangle \in T$ となるように無限列 $\langle n_1, n_2, n_3, \ldots \rangle$ の要素を一つずつ再帰的に選ぶことによって証明される．

第 1 段階　$\langle n_1 \rangle$ を，最上位の頂点（空列）の直下にあり，無限に多くの延長を T にもつような有限個の頂点のうちの最小のものとする．

第 k 段階　$u = \langle n_1, \ldots, n_{k-1} \rangle$ を無限に多くの延長を T にもつ頂点とする．このとき，u の有限個の後者の中で，無限に多くの延長を T にもつような最小の u の後者 $\langle n_1, \ldots, n_{k-1}, n_k \rangle$ を選ぶ．

前節の木構造の算術化と，無限に多く延長をもつという性質の算術的定義可能性を用いて，列 $\langle n_1, n_2, n_3, \ldots \rangle$ を再帰的に定義できる．（その結果，5.9 節により算術的に表現可能になる．）それゆえ，そのような列の存在，さらにその結果として求められる無限に長い道の存在は，算術的内包公理から導かれる．　□

これで，**ケーニヒの補題が $\mathsf{ACA_0}$ で証明可能**であることを示せた．逆に，次の定理が成り立つ．

ケーニヒの補題 ⇒ 算術的内包公理

証明　単調収束から算術的内包公理への含意を証明するときと同じように，ケーニヒの補題が任意の単射 $f:\mathbb{N}\to\mathbb{N}$ の値域の存在を含意することを示せば十分である．なぜなら，そのような値域の存在から，5.10 節と 6.2 節によって算術的内包公理が導かれるからである．

したがって，与えられた単射 $f:\mathbb{N}\to\mathbb{N}$ に対して，ケーニヒの補題を用いて f の値域が計算できる（すなわち，与えられた n に対して，$n\in\operatorname{range}f$ となるかどうかを判定できる）ことを示せばよい．これは，f から，無限に長い道 σ が次の式で定義されるものだけであるような有限分岐木 T_f を計算することによって示せる．

$$\sigma(i)=\begin{cases}0 & (i\notin\operatorname{range}f\ \text{の場合})\\ m+1 & (f(m)=i\ \text{の場合})\end{cases}$$

σ から，与えられた自然数が f の値域に属するかどうかを判定できる．なぜなら，

$$i\in\operatorname{range}f\Leftrightarrow\sigma(i)>0$$

となるからである．したがって，σ が存在すれば $\operatorname{range}f$ は存在する．それでは，ケーニヒの補題によって σ が存在することを示そう．

前節で説明したように，T_f の最上位の頂点は空列に符号化され，その下の頂点は自然数列 $\langle m_0,m_1,\ldots,m_k\rangle$ に符号化される[†4]．このとき，T_f を次の条件によって定める．

$$\begin{aligned}\langle m_0,m_1,\ldots,m_k\rangle\in T_f\Leftrightarrow&(\forall i,j\le k)[m_i=0\Leftrightarrow f(j)\neq i]\ \text{かつ}\\ &(\forall i\le k)[m_i>0\Leftrightarrow f(m_i-1)=i]\end{aligned}\qquad(*)$$

たとえば，$\langle 7,5,0,2\rangle\in T_f$ ならば，これは $0,1,3\in\operatorname{range}f$ を意味する．なぜなら，$f(6)=0, f(4)=1, f(1)=3$ だからである．また，ある $m>3$ に対して $f(m)=2$ とならなければ，$2\notin\operatorname{range}f$ を意味する．さらに，一般の場合は，次のことに注意しよう．

---

†4　訳注：前節では正整数列として定義しているが，修正は容易だろう．

1. $\langle m_0, m_1, \ldots, m_k \rangle \in T_f$ ならば，ある $m > k$ に対して $f(m) = i$ となるか，i が f の値域に含まれない場合のみ $m_i = 0$ である．
2. $\langle m_0, m_1, \ldots, m_k \rangle \in T_f$ かつ $l < k$ ならば，$\langle m_0, m_1, \ldots, m_l \rangle \in T_f$ である．なぜなら，k に対して (*) が成り立つならば，$l < k$ に対しても (*) が成り立つからである．したがって，T_f は木構造になる．
3. (*) のすべての量化子は有界なので，(*) は f から決定可能である．したがって，再帰的内包公理によって T_f は存在する．
4. T_f は有限分岐木である．なぜなら，それぞれの頂点 $\langle m_0, m_1, \ldots, m_k \rangle \in T_f$ の後者は，$\langle m_0, m_1, \ldots, m_k, 0 \rangle$ と，$k + 1 = f(m)$ となるような m に対する $\langle m_0, m_1, \ldots, m_k, m + 1 \rangle$ の高々 2 個だからである．
5. σ のそれぞれの始切片 $\langle \sigma(0), \sigma(1), \ldots, \sigma(k) \rangle$ は条件 (*) を満たすので，T_f に属する．したがって，T_f は無限木であり，その結果，ケーニヒの補題によって無限に長い道を含む．

あとは，σ **だけ**が T_f の無限に長い道であることを示せばよい．そのためには，

$$\langle m_0, m_1, \ldots, m_k \rangle \neq \langle \sigma(0), \sigma(1), \ldots, \sigma(k) \rangle$$

ならば，$\langle m_0, m_1, \ldots, m_k \rangle$ を通るすべての道がいずれは終わることを示せば十分である．一般性を失うことなく，$m_k \neq \sigma(k)$ であり，両方の列で $m_k, \sigma(k)$ よりも前にある項は一致すると仮定してよい．この条件を満たすのは，$m_k = 0$ かつ，ある $m > k$ においてのみ $f(m) = k$ となるときだけである．その場合には，$\sigma(k) = m + 1$ である．しかし，$\langle m_0, m_1, \ldots, m_k \rangle$ を延長して長さが m よりも大きくなったものは，すべて条件 (*) を満たさない．その結果，このように延長したものは T_f に属さない．　□

注意しておきたいのは，この証明に現れる木 T_f において，それぞれの頂点の後者は高々 2 個なので，実際には二分木になることである．したがって，二分木の無限に長い道に関してのみ，**弱**ケーニヒの補題が使えればよいように思われる．しかしながら，T_f を**構成する**ためには，自然数列すべての木を扱わなければならない．なぜなら，与えられた数 i に対して，どれくらい大きく m をとれば $i = f(m)$ になるのかは，前もってわからないからである．完全二分木の中では，T_f（やそれに類するもの）を構成できないのである．

算術的内包公理はケーニヒの補題を含意し，その結果，弱ケーニヒの補題も含意する．したがって，弱ケーニヒの補題から証明可能な古典的定理は，すべて ACA_0 の定理である．次章では，これらのうちでもっともよく知られた定理である，区間列に対するハイネ – ボレルの定理，一様連続性，極値定理が，RCA_0 において弱ケーニヒの補題と**同値**であることを証明する．その結果，これらの定理は，弱ケーニヒの補題を集合存在公理としてもつ，RCA_0 よりも弱い WKL_0 の定理と位置づけるのが最適であることがわかる．

しかしながら，ACA_0 についての話題から離れる前に，算術的内包公理を存分に利用している解析学以外の重要分野にも言及しておくべきだろう．

6.6 ラムゼイ理論

ラムゼイ理論は，有限構造や無限構造における「無秩序の中の秩序」を見つけることに関する数学の一大領域である．ラムゼイ理論は，その始まりこそ論理学に関する論文 [68] だったが，その後は組合せ論の一部になった．この節では，ラムゼイ理論のいくつかの基本的結果の概略を示し，それらと ACA_0 との関係を述べる．ラムゼイ理論によって発見された「秩序」を具体的に示す有限の例として，次のものがある．**6 人からなるいかなるグループにおいても，互いに知り合いである 3 人か，または，互いに知り合いでない 3 人のいずれかが存在する．**

この「ベビーラムゼイ定理」を証明するために，6 人をグラフの頂点で表現する．そして，二つの頂点に対して，それぞれに対応する 2 人が互いに知り合いならば黒い辺で結び，互いに知り合いでなければ灰色の辺で結ぶことにする．そのような「知人グラフ」の一例を図 6.3 に示す．

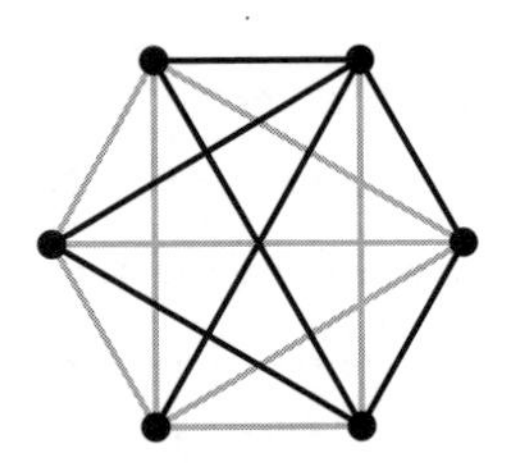

図 6.3 6 人の知人グラフ

単色三角形（3 辺が黒色または 3 辺が灰色）がつねに存在することを示したい．単色三角形が存在する理由を示すために，グラフの任意の頂点 v_0 を考える．その頂点は相異なる 5 本の辺の端点なので，その 5 本の辺の少なくとも 3 辺は同じ色である．たとえば，それを黒色としよう．このとき，その 3 辺のもう一方の端点 v_1, v_2, v_3 を見てみよう（図 6.4）．

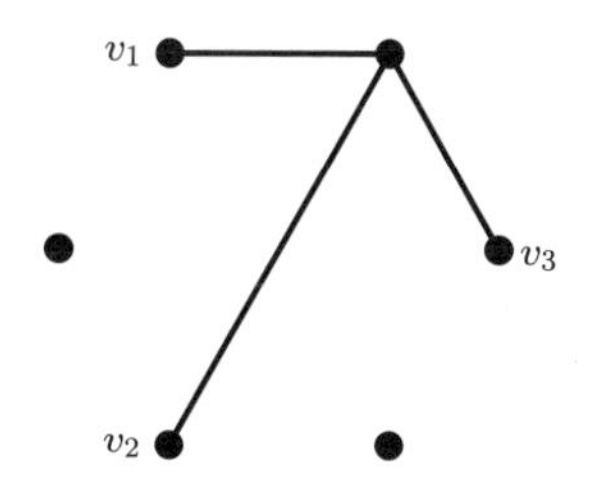

図 6.4　知人グラフの特徴的な頂点

v_1, v_2, v_3 のうちの 2 個が黒色の辺で結ばれているならば，それらと v_0 をそれぞれ結ぶ黒色の辺を合わせて黒色の三角形になる．また，この 3 個の頂点を結ぶ 3 辺のいずれもが黒色の辺で結ばれていなければ，v_1, v_2, v_3 で灰色の三角形がつくれる．

ラムゼイ理論は，頂点の無限集合 $X \subseteq \mathbb{N}$ を考えると逆数学と結びつく．頂点集合 X と，X の任意の二つの元の間の辺から構成されるグラフを**完全グラフ** K_X とよぶ．このとき，一例として次のことが証明できる．

対に対する無限ラムゼイ定理　$K_{\mathbb{N}}$ の辺が有限種類の色で塗り分けられているならば，$K_{\mathbb{N}}$ は単色の K_X を含む．ただし，X は $\mathbb{N}$ の無限部分集合である．

証明　任意の頂点 $v_0 \in \mathbb{N}$ を選び，v_0 を端点とする無限本の辺を考える．色は有限種類しかないので，v_0 を端点とする無限の本数の辺が同じ色になる．X_1 をそのような辺のもう一方の端点になる頂点の集合とし，$v_1 \in X_1$ を選ぶ．すると，v_1 を端点とする無限の本数の辺が再び同じ色になる．X_2 をそのような辺のもう一方の端点になる頂点の集合とし，$v_2 \in X_2$ を選ぶ．以下，同様の処理を繰り返す．

このようにすると，頂点の無限集合 $\{v_0, v_1, v_2, \ldots\}$ で，それぞれの v_i が v_{i+1},

$v_{i+2}, v_{i+3}, \ldots$ と同じ色の辺で結ばれているものが得られる．また，有限種類の色しかないので，無限個の v_i で**同じ**色が現れる．そのような頂点を $x_0, x_1, x_2, \ldots$ とよぼう．このとき，$X = \{x_0, x_1, x_2, \ldots\}$ とすると，無限グラフ K_X は単色である．　□

この定理は，対に対するラムゼイ定理とよばれている．なぜなら，グラフ K_X の辺は，本質的に X の元の対だからである．この定理を略して RT(2) とよぶ．もっと自明なラムゼイ定理 RT(1) もある．これは，$\mathbb{N}$ の元が有限種類の色で塗り分けられているならば，$\mathbb{N}$ の無限部分集合 X で，その元がすべて同じ色であるようなものが存在するという，「1 元集合に対するラムゼイ定理」である．算術的内包公理からも導かれる RT(1) は，**無限鳩の巣の原理**として知られている．前述の証明において RT(1) を仮定しているので，実質的に RT(1)⇒RT(2) を証明したことになる．

同じように，ラムゼイ定理 RT(3) も存在する．これは，$\mathbb{N}$ のすべての**三つ組**が有限種類の色で塗り分けられているならば，$\mathbb{N}$ の無限部分集合 X で，その三つ組がすべて同じ色であるようなものが存在するという定理である．そして，前述の論法を少し精緻化すると，RT(2)⇒RT(3) が示せる．実際には，同じようにして，3 から 4，4 から 5 というように，k 個組を有限種類の色で塗り分けるラムゼイ定理 RT(k) を証明できる．

それぞれのラムゼイ定理 RT(k) は ACA_0 において証明できる．さらに興味深いことに，それぞれの $k \geq 3$ に対する RT(k) は，RCA_0 において算術的内包公理と同値である．一方で，驚くべきことに，算術的内包公理と同値**ではない**ものとして次の二つがある．

1. RT(2) は算術的内包公理を含意せず，再帰的内包公理は RT(2) を含意しない．
2. $\forall k$RT(k) は，算術的内包公理を含意するが，ACA_0 において証明可能ではない．

逆数学におけるラムゼイ定理の位置づけの詳細については，書籍 [50] を参照のこと．$\forall k$RT(k) は，無限ラムゼイ定理とよばれることが多い．そして，この定理の優れた点の一つは，PA の言語で表せる定理だが PA では証明できないパ

リス–ハーリントンの定理を含意するということである．

パリス–ハーリントンの定理は，**有限ラムゼイ定理**を修正したものである．有限ラムゼイ定理は，すべての $k, l, m \in \mathbb{N}$ に対して，ある $n \in \mathbb{N}$ が存在し，$\{1, 2, \ldots, n\}$ の k 要素の部分集合をどのように l 色で塗り分けても，k 要素の部分集合がすべて同じ色になるような $\{1, 2, \ldots, n\}$ の m 要素の部分集合が存在するというものである．有限ラムゼイ定理は PA で証明可能である[†5]．しかし，m 要素の部分集合の最小要素が m よりも大きいという条件を追加して得られる定理は，PA では証明可能ではない[58]．

6.8 節では，ACA_0 の集合変数を含まない「算術的」定理が，PA の定理と完全に一致することを示す．とくに，ACA_0 ではパリス–ハーリントンの定理は証明されず，その結果，無限ラムゼイ定理 $\forall k \mathrm{RT}(k)$ も証明できない．これは，**ω 不完全性**とよばれる現象である．ここで，理論が ω 不完全であるというのは，ある性質 $P(k)$ の**代入例** $P(0), P(1), P(2), \ldots$ をすべて証明できるが，$\forall k P(k)$ は証明できないときをいう．（6.1 節の脚注で言及した体系 ACA において，無限ラムゼイ定理は証明可能であり，その結果，パリス–ハーリントンの定理も証明可能である．これによって，ACA が ACA_0 よりも強いことがわかる．）

6.7 論理学からのいくつかの結果

ヒルベルトは，有名な『数学の問題』の講演において，数学における「存在」の意味について大胆な意見を述べた[49]．

> もしもある概念が矛盾を含むならば，その概念は数学的には存在しないといってよい．たとえば，二乗が -1 になるような実数は存在しない．逆にその概念から有限回の推論を行っても，けっして矛盾を生じなければ，その概念の数学的存在は証明されたといってよい．たとえばある条件を満たす数や函数である[†6]．

[†5] たしかに証明可能ではあるが，実際に証明の条件を満たす数を見つけるのは難しい．$k = l = 2$ のとき（グラフの辺の 2 色による彩色）ですら，n の最小値は $m = 2, 3, 4$ の場合だけしか知られていない．$m = 2$ の場合は，あきらかに $n = 2$ である．$m = 3$ の場合は，「ベビーラムゼイ定理」によって見つかっている $n = 6$ よりも小さくできない．$m = 4$ の場合は，$n = 18$ が最小であることが知られている．$m = 5$ の場合は，最小の n はまだ知られていない．

[†6] 訳注：邦訳は，一松信訳・解説『ヒルベルト 数学の問題 増補版』（共立出版，1972）による．

本書で算術に用いる述語論理の言語は，ヒルベルトが**無矛盾性が存在を含意すると**（詳細に）述べた原理を説明するのにふさわしい例である．算術における文の構造を解析して，**算術の言語における文の無矛盾な任意の集合に対して，その文すべてを充足する解釈が存在する**ことを示そう．

この（必ずしも算術の標準的な解釈ではないが，きわめて具体的な）解釈の本質は，それを組み立てるに従って明確になっていく．それぞれの文に同値な**スコーレム形式**を見つけるというのが，この手続きの概要である．ここで，スコーレム形式とは，全称量化子だけをもち，そのすべての全称量化子は文の先頭にあるような単純な形式をした文である．その文が充足するというのは，要するに，その文の変数がとりうる値すべてに対する**代入例**を充足するということである．この代入例は，必ず**ブール論理式**，すなわち，論理記号がブール演算だけであるような論理式になる．どんな矛盾であっても，このような有限個の論理式にしか依存しないので，問題は，任意の有限部分集合が充足しうるようなブール論理式の無限集合を充足させることに還元される．

この問題は，弱ケーニヒの補題を適用することによって簡単に解ける．

ブール論理式への還元は，次のような段階を経て行われる．

第 1 段階　文を冠頭形に還元する．

文 σ は，その量化子がすべてほかの記号よりも左にあるならば**冠頭形**である．文を冠頭形にする方法は，2.7 節で示した．

第 2 段階　すべての量化子を全称量化子にする．

冠頭形のすべての量化子が全称量化子でないならば，もっとも左にある ∃ を考える．このとき，（P そのものが量化子で始まるかもしれないが）

$\exists x P(x)$ の形式であれば，新たな定数 a を使って，
これを $P(a)$ で置き換える

か，または，

$\forall x_1 \cdots \forall x_k \exists y P(x_1, \ldots, x_k, y)$ の形式であれば，
新たな関数記号 f を使って，これを
$\forall x_1 \cdots \forall x_k P(x_1, \ldots, x_k, f(x_1, \ldots, x_k))$ で置き換える．

f によって表記される関数は，**スコーレム関数**とよばれる．P そのものが

量化子で始まるならば，定数か関数記号によってすべての存在量化子が取り除かれるまで，P に対してこの処理を繰り返す．すると，もとの論理式に同値な**スコーレム形式**とよばれる全称量化された論理式が得られる．

第 3 段階　スコーレム項による対象領域を構成する．

これで，算術の言語にもとからあった定数 0 と関数記号 S, $+$, $\cdot$ に，新たな定数 $a_1, a_2, a_3, \ldots$ と新たな関数記号 $f_1, f_2, f_3, \ldots$ が追加された．この定数と関数記号からつくり上げられる項は，**スコーレム項**とよばれる．スコーレム項には，もとからあった自然数を表記する項 $0, S(0), SS(0), \ldots$ に加えて，自明な解釈をもたない $S(a_1)$, $S(a_1) + S(a_2)$ のような新たなスコーレム項が含まれる．

このスコーレム項を，単純に**それ自体**記号列と解釈する．すると，関数記号は，これらの記号列の集合上の関数として自然な形で解釈される．たとえば，S は，記号列 0 を記号列 $S(0)$ に移し，a_1 を記号列 $S(a_1)$ に移すというように解釈される．

この段階では，まだ関係記号 $=$ の解釈を決めない．たとえば，$a_1 = a_2$ は，ある解釈のもとでは真かもしれないし，ほかの解釈のもとでは偽かもしれない．最終段階になってから，とりうるすべての真理値割り当ての木をつくり，その木の無限に長いある道に沿った真理値割り当てを選択するときに，原子論理式に真理値を割り当てることにする．

第 4 段階　スコーレム形式の原子代入例を枚挙する．

文 σ をそれと同値なスコーレム形式 σ^S に変換すると，量化子を含まない論理式 R を用いた次のような形式になる．

$$\forall x_1 \cdots \forall x_k R(x_1, \ldots, x_k)$$

そして，σ を充足することは，$t_1, \ldots, t_k$ をスコーレム項とする σ^S のすべての**代入例** $R(t_1, \ldots, t_k)$ を充足することと同値である．R は量化子を含まないので，t と t' をスコーレム項とすると，R は原子論理式 $t = t'$ のブール結合である．σ^S のこのような**原子代入例**は，それぞれ真と偽という 2 通りの解釈をもつ．

すべての可能な解釈の木構造をつくるために，原子代入例を列 $\alpha_1, \alpha_2, \alpha_3, \ldots$ として枚挙する．この列は，原子論理式をその**長さ**の順に並べることによって得られる．ただし，a_k と f_k の長さはともに k とする．このように定義すると，与えられた長さの論理式は有限個しかないので，短い論理式から順に取り上げて列にできる．

これで，充足可能性についての定理を証明するのに必要なものがすべて得られた．この定理から，算術的な文 $\sigma_1, \sigma_2, \sigma_3, \ldots$ の無矛盾な集合に対して，それらすべてを充足する解釈があるという系が得られる．この解釈の対象領域は，先ほど構成したスコーレム項の集合になる．

無矛盾性 ⇒ 充足可能性 $\tau_1, \tau_2, \tau_3, \ldots$ がブール論理式の無矛盾な集合ならば，それらすべてを充足する解釈が存在する．

証明 論理式 $\tau_1, \tau_2, \tau_3, \ldots$ を構成する原子論理式の列を $\alpha_1, \alpha_2, \alpha_3, \ldots$ とする．まず，$\alpha_1, \alpha_2, \alpha_3, \ldots$ のすべての解釈（真 T または偽 F）の完全二分木を構成する（図 6.5）．

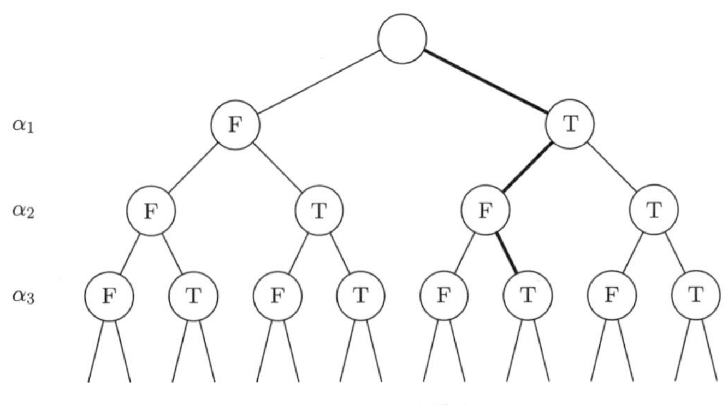

図 6.5 解釈の木構造

（α_1 と名前をつけた）第1階層には，α_1 がとりうる2通りの解釈に対応して2個の頂点がある．これらの頂点の下には，α_1 のそれぞれの解釈に対応する α_2 の2通りの解釈がある．以下，同様にして，原子論理式の解釈に頂点を対応させる．こうすると，太線で示された道は，解釈 $\alpha_1 = \mathrm{T}$, $\alpha_2 = \mathrm{F}$, $\alpha_3 = \mathrm{T}$ を表現している．

つぎに，第 k 階層の頂点において，対応する $\alpha_1, \alpha_2, \ldots, \alpha_k$ の値が論理式 τ_i

のうちの一つを偽にするならば，道を打ち切ることによって完全二分木を**枝刈り**する．$\tau_1, \tau_2, \tau_3, \ldots$ は無矛盾であるから，$\alpha_1, \alpha_2, \ldots, \alpha_k$ に対する値の割り当てのうちの少なくとも一つは，すべての τ_i を偽にしない．その結果，枝刈りされた木はいくらでも長い道をもつ．すると，弱ケーニヒの補題によって，無限に長い道があることになる．それによって，必然的に $\tau_1, \tau_2, \tau_3, \ldots$ **すべて**を充足する真理値割り当てが定義できる． □

系 $\sigma_1, \sigma_2, \sigma_3, \ldots$ が算術の言語における無矛盾な文の集合ならば，$\sigma_1, \sigma_2, \sigma_3, \ldots$ のすべてを充足する解釈が存在する．

証明 $\sigma_1, \sigma_2, \sigma_3, \ldots$ から量化子を取り除き，変数をすべてスコーレム項で置き換えることによって，スコーレム形式 $\sigma_1^S, \sigma_2^S, \sigma_3^S, \ldots$ およびそのすべての代入例を構成する．この代入例は，ブール論理式の無矛盾な集合をつくり出しているので，前述の定理によって，これらの代入例を同時に真にするような解釈が得られる．

すべての代入例が真になるので，その解釈はスコーレム形式 $\sigma_1^S, \sigma_2^S, \sigma_3^S, \ldots$ を充足し，その結果，スコーレム形式と同値なもとの文 $\sigma_1, \sigma_2, \sigma_3, \ldots$ も充足する． □

6.8 ACA_0 の中のペアノ算術

ACA_0 の特筆すべき点は，解析学におけるその強さに反して，自然数についての定理を証明することにおいては PA よりも強くはないということである．これは，解析学からのアイデアが実質不可欠になっている数論の現代史の視点からすると，きわめて驚くべきことである[†7]．たしかに，解析学は，数論にお

[†7] たとえば，50 年ほど前には，解析学がなければ**素数定理**は証明できないと考えられていた．素数定理は，n より小さい素数の個数は $n/\ln n$ に漸近するというものである．いくつかの定理は初等的方法によって素数定理との同値性が証明できるというランダウの発見に基づいて，数論の「逆数学」を展開しようとする時期尚早の試みもあった．そして，ハーディとヘイルブロンは，次のように信じるに至った [45]．

> ランダウによって，初めて専門家は素数に関する数論の定理を「深さ」で分類できるようになった．

しかしながら，結局彼らは素数定理そのものに初等的証明がないと予想した．その予想は，セルバーグ [74] やエルデシュ [27] が素数定理の初等的証明を見つけたことで，間違いであることがわ

ける新たな発見への道に明かりを灯しているが，いったんその道が見つかれば，通常はPAにおいて再構成できる．ACA_0の場合には，算術的な定理はすでにPAに含まれている．これは，次のようにして示せる．

σ_0はPAの言語による真な文で，PAでは証明可能ではないと仮定する．（ゲーデルの不完全性定理によって，そのような文はいくつも知られている．）これは，$\neg\sigma_0$がPAの公理$\sigma_1, \sigma_2, \sigma_3, \ldots$と無矛盾であることを意味する．そうでなければ，$\neg\sigma_0$から矛盾を導くことよって，$\sigma_0$を証明できるからである．このことから，前節の定理によって，文$\neg\sigma_0, \sigma_1, \sigma_2, \sigma_3, \ldots$をすべて充足する解釈が存在する．この解釈の対象領域Eは，通常の自然数$0, S(0), SS(0), \ldots$をそのほかのスコーレム項で拡張したものである．

このPAのモデルは，Eの「算術的に定義可能」なすべての部分集合，すなわち，次のような集合すべてを追加することによって，ACA_0のモデルに拡張できる．

$$\{t \in E \,|\, \varphi(t)\} \quad \text{（ただし，}\varphi\text{は1自由変数のPAの論理式）}$$

このようにうまく拡張するには，それぞれの論理式φとスコーレム項t，あるいはそれらと同値なφのスコーレム形式φ^Sに対して，$\varphi(t)$が確定した真理値をもっている必要がある．いまの場合はこれに該当する．なぜなら，それぞれのφは，帰納法図式の代入例σ_iに現れるからである．したがって，そのスコーレム形式φ^Sは，前節で記述した構成法の過程において，充足させたいそれぞれの論理式を構成する原子論理式に真理値が割り当てられると，それぞれのスコーレム項に対する真理値を獲得する．

このように，$\neg\sigma_0, \sigma_1, \sigma_2, \sigma_3, \ldots$をすべて充足する$\mathrm{ACA}_0$のモデルが存在する．それゆえ，$\sigma_0$は$\mathrm{ACA}_0$において**証明可能ではない．**

逆に，σがPAで証明可能な文ならば，σはACA_0において証明可能である．なぜなら，PAの帰納法図式はACA_0の帰納法図式から導かれ，そのほかのPAの公理はACA_0の公理だからである．要約すると，ACA_0の**純粋に算術的な定理は，PAの純粋に算術的な定理と同じものである．**この定理はフリードマンによる[32]．

かった．今日では，数論の定理で初等的証明をもたない「自然」な（すなわち，論理学からではなく，数論から生まれた）例は知られていない．

この定理から，とくに ACA_0 は 6.6 節で言及したパリス－ハーリントンの定理を証明**できない**ことが導かれる．なぜなら，パリス－ハーリントンの定理は，PA において証明可能ではないからである．このことから，パリス－ハーリントンの定理を含意する無限ラムゼイ定理（6.6 節を参照のこと）が，ACA_0 で証明できるほかのラムゼイ定理とよく似ているにもかかわらず，ACA_0 で証明可能でない理由がわかる．

ACA_0 の相対的無矛盾性

4.7 節で述べたように，ゲーデルの第 2 不完全性定理によって，PA そのものの中では PA の無矛盾性を証明できない．そして，ACA_0 など PA を含む任意の体系についても，同じことが当てはまる．しかし，ACA_0 の無矛盾性を証明することは，PA の無矛盾性を表現する PA の文である Con(PA) を証明することよりも難しくない．その理由は次のとおり．

ACA_0 は無矛盾 $\Leftrightarrow$「$0 = 1$」は，ACA_0 で証明可能ではない．
$\Leftrightarrow$「$0 = 1$」は，PA で証明可能ではない．
（なぜなら，「$0 = 1$」は PA の文だからである）
$\Leftrightarrow$ Con(PA)

ACA_0 は，PA と**無矛盾等価**であるという．このように，「解析学」が ACA_0 であると解釈し，「数論」が PA であると解釈するならば，（4.7 節で述べた）解析学の無矛盾性を証明するためのヒルベルトのプログラムは，数論の無矛盾性を証明するためのプログラムよりもひどく失敗することはない．

第7章
再帰的内包公理

Recursive Comprehension

RCA_0 は,「計算可能解析学」のための公理系と見ることもできる. その集合存在公理は**再帰的内包公理**とよばれ, 計算可能集合の存在を主張する.(「計算可能」の意味として「再帰的」という語を使うのは, 流行遅れになりつつある. しかし, RCA_0 とその集合存在公理の名前を変更することはできそうにない.)

RCA_0 のもう一つの重要な特徴は, Σ^0_1 帰納法とよばれる帰納法公理である. Σ^0_1 帰納法を適用するためには, 実質的に, 対象の証明すべき計算的枚挙可能集合の性質だけがあればよい. この帰納法で無条件に証明できる定理はほとんどないため, RCA_0 はかなり弱い体系といえる. それにもかかわらず, RCA_0 には, 古典的な定理の間の**同値性**を証明するという驚くべき能力がある.

したがって, RCA_0 は解析学における逆数学の**基礎理論**としてふさわしい. たとえば, RCA_0 では, 算術的内包公理と 6.3 節や 6.5 節で論じた定理との同値性が証明できる. そして, 弱ケーニヒの補題との一連の同値性も証明できる. この章では, 弱ケーニヒの補題と, ハイネ–ボレルの定理, 極値定理, 一様連続性定理との同値性を証明する. また, 弱ケーニヒの補題と, トポロジーの有名な定理であるブラウワーの不動点定理やジョルダンの閉曲線定理との同値性も論じる.

弱ケーニヒの補題と, この補題に同値な定理は, RCA_0 と ACA_0 の間の強さをもつ. このことは, 弱ケーニヒの補題を集合存在公理とする体系 WKL_0 の重要性を物語っている. 解析学の基本的な定理は, RCA_0, WKL_0, ACA_0 のどれかに収められ, これらの公理によって三つの強さに分類されている.

7.1　公理系 RCA_0

5.10 節において，RCA_0 を簡単に紹介した．それをさらに詳しく述べると，RCA_0 の公理は，PA の帰納法以外の公理に，Σ^0_1 論理式 φ に対する次の公理を加えたものということになる．

$$\forall n[\varphi(0) \wedge \forall n(\varphi(n) \Rightarrow \varphi(n+1))] \Rightarrow \forall n\ \varphi(n) \qquad (\Sigma^0_1\text{ 帰納法})$$

通常，Σ^0_1 帰納法は，計算的に枚挙された列のすべての要素がある性質をもつことを証明するために使われる．集合存在公理は，すべての Σ^0_1 論理式 φ と Π^0_1 論理式 ψ に対する次の公理図式である．

$$\forall n[\varphi(n) \Leftrightarrow \psi(n)] \Rightarrow \exists X[n \in X \Leftrightarrow \varphi(n)] \qquad (\text{再帰的内包公理})$$

集合が計算可能であるのは，その集合とその補集合がともに計算的枚挙可能であるとき，そしてそのときに限る．このポストの結果 [66] と，計算的枚挙可能な集合は Σ^0_1 であるという事実から，上記の集合存在公理が導かれる．繰り返しになるが，論理式 φ と ψ は，集合変数を含んでもよいが集合量化子は含まない．実質的にこのことによって，たとえば，集合 Y に属する偶数の集合 Z のように，与えられた集合 Y から**計算可能**な任意の集合が存在することを RCA_0 で証明できる．

与えられた集合からの計算の重要な例としては，1.5 節での $\mathbb{R}$ の非可算性の証明に用いた対角線論法の計算が挙げられる．

$\mathbb{R}$ の非可算性　任意の実数列 $x_1, x_2, x_3, \ldots$ に対して，どの x_n にも等しくない実数 x が存在する．

（RCA_0 における）**証明**　与えられた実数列 $x_1, x_2, x_3, \ldots$ に対して，次の規則によって x を計算する．

$$x\text{ の小数展開}^{\dagger1}\text{の } n \text{ 桁目} = \begin{cases} 1 & (x_n\text{の十進小数展開の } n \text{ 桁目が 1 でない場合}) \\ 2 & (x_n\text{の十進小数展開の } n \text{ 桁目が 1 の場合}) \end{cases}$$

†1　訳注：十進展開を考える場合には，有限小数の扱いに注意が必要である．具体的には，末尾に 9 が無限に続く表現か，0 が無限に続く表現のどちらか一方に決めておかないと，実数 x が一意に定まらない．しかし，各桁が 1 か 2 の実数全体の列に対して，実数 x を定義するならこれで問題ない．

このようにすると，再帰的内包公理によって x が存在し，x の十進小数展開のそれぞれの桁は 1 か 2 のいずれかになるが，n 桁目は x_n と異なる．それぞれの桁が 1 か 2 のいずれかであるような十進小数展開は一意的なので，x はそれぞれの x_n と異なることが導かれる． □

しかしながら，5.10 節で述べたように，RCA_0 はすべての集合が計算可能であるような最小モデルをもつ．したがって，計算可能集合 Y から**非**計算可能集合 Z がつくられる場合，RCA_0 は Z の存在を証明することができない．なぜなら，RCA_0 の最小モデルは Y を含むが，Z を含まないからである．たとえば，それぞれの計算可能関数は（順序対の集合として）RCA_0 の最小モデルに属しているが，それぞれの計算可能関数の値域は計算不能になりうるので，最小モデルに属していないことがある．これが，5.10 節で見たように，RCA_0 では「すべての関数の値域の存在」を証明できない理由である．同様の論法によって，解析学の重要な定理のいくつかは，RCA_0 において証明できないことが示せる．なぜなら，これらの定理は，計算可能でない集合の存在を含意するからである．とくに，RCA_0 は，最小上界原理，ハイネ－ボレルの定理，ボルツァーノ－ワイエルシュトラスの定理を証明するには弱すぎる．

しかしながら，この RCA_0 の弱さは，それよりも強い公理とさまざまな定理の間の**同値性**を証明するための基礎理論がほしいときには長所になる．なぜなら，RCA_0 は多くの同値性を証明できるほどには強力だからである．たとえば，前章での算術的内包公理が $\mathbb{R}$ の完備性（に関するさまざまな言明），ケーニヒの補題，ボルツァーノ－ワイエルシュトラスの定理と同値であることは，RCA_0 で証明できる．この章では，弱ケーニヒの補題と同値な定理を証明する際の基礎理論として RCA_0 を使う．

7.2 実数と連続関数

前節の $\mathbb{R}$ が非可算であることの証明では，実数は十進小数展開によって与えられると仮定した．そして，対角数 x の十進小数展開の計算可能性を用いて，それが RCA_0 に存在することを証明した．これは，チューリングが導入した古典的な計算可能数の考え方である [88]．しかし，RCA_0 において解析学を展開するときには，解析学の処理とうまく適合するように，少し異なる実数の概念を用いたほうが都合がよい．

定義　**実数**とは，$b_n - a_n \to 0$ であるような，有理数の縮小閉区間列

$$[a_1, b_1] \supseteq [a_2, b_2] \supseteq [a_3, b_3] \supseteq \cdots$$

である．

縮小閉区間列による実数の概念は，RCA_0 がもつ問題点を収束列によって回避している．この実数の定義は，縮小閉区間列が計算可能でなければならないとはいっていない．しかしもちろん，RCA_0 においてある実数が**存在する**ことを証明するためには，再帰内包性公理を使って，具体的にその実数を計算する必要がある．そのためには，区間 $[a_n, b_n]$ の**計算的枚挙**を与えれば十分である．なぜなら，この**区間列**は対 $\langle n, [a_n, b_n] \rangle$ の集合であり，その集合は計算可能だからである．（具体的には，それぞれの n に対して，第 n 項が現れるまで枚挙を実行する．）

任意の計算可能な区間 $[a_n, b_n]$ の列は，ただ一つの共通点をもつとき，前述の意味で実数 x を定める．なぜなら，$[a'_n, b'_n] = [a_1, b_1] \cap \cdots \cap [a_n, b_n]$ とするとき，次の**縮小**閉区間列から，x を計算できるからである．

$$[a'_1, b'_1] \supseteq [a'_2, b'_2] \supseteq [a'_3, b'_3] \supseteq \cdots$$

区間列 $[a'_n, b'_n]$ は，区間列 $[a_n, b_n]$ と同じ共通点をもつので，必然的に $b'_n - a'_n \to 0$ である．

避けることのできない難点の一つは，一般に**実数 x が 0 と等しいかどうかを知るのは不可能**ということである．x が区間列 $[a_n, b_n]$ によって定義されるとき，$x = 0$ となるのは，すべての n に対して $a_n \leq 0 \leq b_n$ であるとき，そしてそのときに限る．そして，この無限列全体を調べることはできない．しかし，$x > 0$ ならば，ある有限の段階でこの事実を確認できる．なぜなら，いずれは $a_n > 0$ になるからである．同様にして，$x < 0$ の場合も，いずれはこの事実を確認できる．次節でわかるように，中間値の定理を証明するなど，いくつかの重要な目的のためには，この限られた情報で十分である．

区間によって実数を定義することで，RCA_0 の連続関数が調べやすくなる．連続関数は，2.5 節と同じように，有理区間によって符号化される．連続関数 f は，$f((c,d)) \subseteq (a,b)$ であるような有理区間対 $\langle (c,d),(a,b)\rangle$ によって与えられる．ここで，f の定義域に属するそれぞれの実数 x に対して，$f(x)$ を決めるのに「十分な」区間があるといいたい．この場合の問題は，f そのものが与えられていないので，f を用いて対の集合を定義できないということである．その代わりに，対の集合に対する単純で自然な条件を探す．その条件によって，ある定義域における連続関数 f を符号化できることが保証される．

定義 有理区間の順序対 $\langle (c,d),(a,b)\rangle$ の集合は，次の条件を満たすとき，**連続関数 f のコード**とよび，$\mathrm{code}\, f$ と表記する[†2]．

1. $\langle (c,d),(a,b)\rangle \in \mathrm{code}\, f$ かつ $\langle (c,d),(a',b')\rangle \in \mathrm{code}\, f$ ならば，(a,b) と (a',b') は交わる．
2. $\langle (c,d),(a,b)\rangle \in \mathrm{code}\, f$ かつ $(c',d') \subseteq (c,d)$ ならば，$\langle (c',d'),(a,b)\rangle \in \mathrm{code}\, f$ である．
3. $\langle (c,d),(a,b)\rangle \in \mathrm{code}\, f$ かつ $(a,b) \subseteq (a',b')$ ならば，$\langle (c,d),(a',b')\rangle \in \mathrm{code}\, f$ である．

それぞれの (a_n,b_n) と対になる縮小区間列 (c_n,d_n) で，ただ一つの共通点 x をもつようなものが区間 (c,d) に含まれ，区間列 (a_n,b_n) がただ一つの共通点をもつならば，実数 x は f の**定義域**に属する．このとき，区間列 (a_n,b_n) のただ一つの共通点を $f(x)$ とよぶ．

これらの定義から，(c,d) 全体が $\mathrm{domain}\, f$ に含まれるならば，実際にはそれぞれの対 $\langle (c,d),(a,b)\rangle \in \mathrm{code}\, f$ に対して $f((c,d)) \subseteq (a,b)$ であることが導かれる．連続関数 f の存在は，集合 $\mathrm{code}\, f$ を計算し，再帰的内包公理を使って証

[†2] 訳注：この定義は，逆数学としては不自然である．「区間列 (a_n,b_n) がただ一つの共通点をもつならば，実数 x は f の定義域に属する」というのは，「$f(x)$ が存在すれば，実数 x は f の定義域に属する」ということと同じであり，それに対して $f(x)$ の計算可能性を議論しても意味がない．逆数学における連続関数のコードは，$f((c,d)) \subseteq [a,b]$ となる有理区間対 $\langle (c,d),[a,b]\rangle$ もしくは 4 つ組 $\langle c,d,a,b\rangle$ の集合によって定めるのが一般的である．このような有理区間対から縮小閉区間列 $[a_n,b_n]$ をつくることで，$f(x)$ の存在が示せる．巻末解説を参照のこと．

明する．

code f と，domain f に属する点 x が与えられたとき，それらから次のようにして $f(x)$ を**計算**できる．x は区間列 (c_n, d_n) として与えられているので，code f に現れるすべての (c, d) に対して (c_n, d_n) をとると，それぞれの (c_n, d_n) と対になる区間 (a, b) を見つけられる．これらの (a, b) はどこまでも小さくできる．なぜなら，$f(x)$ が存在するので，それぞれの k に対して，$b_{n_k} - a_{n_k} < 1/k$ となるような対 $\langle(c_{n_k}, d_{n_k}), (a_{n_k}, b_{n_k})\rangle$ を見つけられるからである．(c_{n_k}, d_{n_k}) は (c_n, d_n) の部分列なので，ただ一つの共通点 x をもつ．$b_{n_k} - a_{n_k} < 1/k$ なので，計算可能列 (a_{n_k}, b_{n_k}) は条件 1 によって点 $f(x)$ **のみ**を含む．したがって，$f(x)$ は x から計算可能である．

7.3　中間値の定理

実数の取り扱いが難しいのは，一般に，x と連続関数 f が与えられたときに，$f(x) = 0$ であるかどうかがわからないからである．しかし，$f(x) > 0$ または $f(x) < 0$ の場合には，この事実をいつかは確認できるので，この事実を用いて中間値の定理を証明できる．3.3 節の古典的な論法に従って，素朴に中間値の定理を証明しようとすると，次のようになる．

$f(0) < 0$ と $f(1) > 0$ が与えられたときに，$f(1/2)$ を計算する．$f(1/2) = 0$ ならば，それで証明は完了である．そうでなければ，$[0, 1/2]$ または $[1/2, 1]$ のいずれかで，f の値は負から正に変わる．正負が変わるほうの区間を I_1 として，この論法を I_1 に対して繰り返す．I_1 の中点において $f = 0$ であるか，または，I_1 の一方の半分において f の値が負から正に変わる．この区間を I_2 とする．以下，同様の処理を繰り返す．すると，$f = 0$ となるようなある区間の中点が見つかるか，そうでなければ，縮小閉区間列 $I_1 \supset I_2 \supset \cdots$ で，それぞれの I_n 上で f の値が負から正に変わるようなものが得られる．しかしこのとき，$I_1, I_2, \ldots$ はただ一つの共通点 x をもち，そこでは必ず $f(x) = 0$ となる．

このやり方には，問題点が二つある．

1. ある中点 c において $f(c) = 0$ となるとしても，$f(c)$ を計算し続けてこの事実を確認できる保証はない．

2. ある中点において $f(c) < 0$ または $f(c) > 0$ となるならば，**いつかは** $f(c) < 0$ または $f(c) > 0$ という事実を確認できるが，そうなるまでにどれだけ待たなければならないかはわからない．

問題点 1 についてはなすすべがない．したがって，せいぜいできるのは問題点 2 に対処することである．これは，計算理論の研究者が大好きな種類の難題である．これに対処するには，計算に計算を重ね，そして結果が出るのを待つ．前述の場合でいえば，$f(c) < 0$ または $f(c) > 0$ となる点 c が現れるのを待ち，区間の中点に「十分近い」点を使う．

中間値の定理　f が $[0,1]$ で連続であり，$f(0) < 0$ かつ $f(1) > 0$ ならば，$[0,1]$ に属するある点 c において $f(c) = 0$ となる．

証明　$[0,1]$ のある部分区間全体で $f = 0$ ならば，再帰的内包公理によって，$f(c) = 0$ となるようなある有理点（すなわち計算可能な）c が存在する．

そうでなければ，次のように f の値を段階的に計算する．

第 1 段階　$f(1/2)$ の計算を 1 ステップ実行する．

第 $s+1$ 段階　$r = 1, 2, \ldots, 2^{s+1} - 1$ に対して，$f(r/2^{s+1})$ の計算を $s+1$ ステップ実行する．このようにして，第 $s+1$ 段階では，すでに計算を始めている点の中間にある点において新たに計算を始めるだけでなく，第 s 段階で進行中の計算も続ける．

この方法によって，$x = r/2^s$ で表されるそれぞれの点で，$f(x) > 0$ または $f(x) < 0$ であることがいつか確認できる．そして，**このような点はすべて $[0,1]$ の部分区間に含まれる**．なぜなら，f が一定の値 0 をとるような部分区間はないと仮定しているからである．この事実を用いると，中点の代わりに「中央区間」を探すことによって，前述の素朴な方法を修正できる．

$[0,1]$ の中央にある区間，すなわち，中央の 3 分の 1 から始めて，c_1 をその中に含まれる $f(x) > 0$ または $f(x) < 0$ となるような（前述の計算で見つかる）x の最初の点とする．すると，f の値は，$[0, c_1]$ 上または $[c_1, 1]$ 上で負から正に変わる．I_1 を負から正に変わる部分区間とし，I_1 の中央の 3 分の 1 を調べる．同様にして，I_1 の部分区間 I_2 が見つかり，I_2 の中央の 3 分の 1 に属する点 c_2

と I_2 の一方の端点の間で，f の値は負から正に変わる．

これを繰り返すと，（Σ^0_1 帰納法によって）縮小閉区間列 $I_1 \supset I_2 \supset I_3 \supset \cdots$ で，それぞれの I_n 上で f の値が負から正に変わるようなものが得られる．また，それぞれの I_n の長さは，その直前の区間の長さの高々 2/3 なので，I_n の長さはゼロに近づく．その結果，再帰的内包公理によって，閉区間列 $I_1, I_2, I_3, \ldots$ から実数 c が定義できる．

$f(c) = 0$ となることは，f の連続性から明らかである．□

中間値の定理は，f が次のような奇数次数の実係数多項式の場合，とくに重要である．

$$f(x) = x^n + a_{n-1}x^{n-1} + \cdots + a_1 x + a_0$$

この場合，大きな負の x に対しては $f(x) < 0$ であり，大きな正の x に対しては $f(x) > 0$ となるので，f の値が負から正に変わるような区間 I_0 が存在する．そして，前述の中間値の定理の証明を，$[0, 1]$ の代わりに I_0 に対して適用する．このとき，f が部分区間において一定の値 0 をとる可能性は無視してよい．すると，任意の多項式による方程式は，ガウスの論法 [35] を用いて，奇数次数に帰着できる．これで，代数学の基本定理は RCA_0 で証明される．

代数学の基本定理[†3]　任意の実係数多項式 f に対して，方程式 $f(x) = 0$ は複素数解をもつ．

7.4　カントル集合再訪

弱ケーニヒの補題を調べるために，二分木と，3.8 節で導入したカントル集合 C との結びつきをもう一度考えよう．3.8 節では，C は，$[0, 1]$ から次の開区間を取り除いたあとに残った点から構成されることを見た．

---

†3　訳注：代数学の基本定理の主張自体が実数や複素数についての量化を要し，算術式では単純に表せないため，多項式の次数を下げていくような論法を Σ^0_1 帰納法によって行うことは困難である．巻末解説を参照のこと．

$$\left(\frac{1}{3}, \frac{2}{3}\right)$$

$$\left(\frac{1}{9}, \frac{2}{9}\right) \qquad \left(\frac{7}{9}, \frac{8}{9}\right)$$

$$\left(\frac{1}{27}, \frac{2}{27}\right) \quad \left(\frac{7}{27}, \frac{8}{27}\right) \quad \left(\frac{19}{27}, \frac{20}{27}\right) \quad \left(\frac{25}{27}, \frac{26}{27}\right)$$

$$\cdots\cdots\cdots\cdots\cdots\cdots$$

この開区間を **C 補区間**とよぶことにする．

また，C の点は，完全二分木の無限に長い道に対応することも見た．ただし，この二分木の第 n 階層の頂点は，この C 補区間の一覧において，n 行目の区間を取り除いたあとに残る**閉区間**である．図 7.1 にもう一度，これらの区間をその階層の順に示す．

図 7.1　C 補区間を取り除いたあとの $[0,1]$

ここで，それぞれの黒色の閉区間の両端を 3 分の 1 ずつ長くして，図 7.2 に示すような灰色の**開区間**に「拡張」する．（ただし，端点は入れない．）たとえば，図 7.1 の第 1 階層の区間 $[0,1/3], [2/3,1]$ は，$(-1/9,4/9), (5/9,10/9)$ に拡張される．それぞれの階層で拡張された区間は C を覆うので，これらを **C 被覆**区間とよぶ．「拡張」部分は小さいので，同じ道の上にない二つの任意の C 被覆区間は互いに交わらない．図 7.2 には，C 被覆区間の最初の 4 階層と，無限に長い道をもち，C の要素を表すような木を重ね合わせて示した．

C 補区間と C 被覆区間を合わせると $[0,1]$ を覆う．したがって，ハイネ–ボ

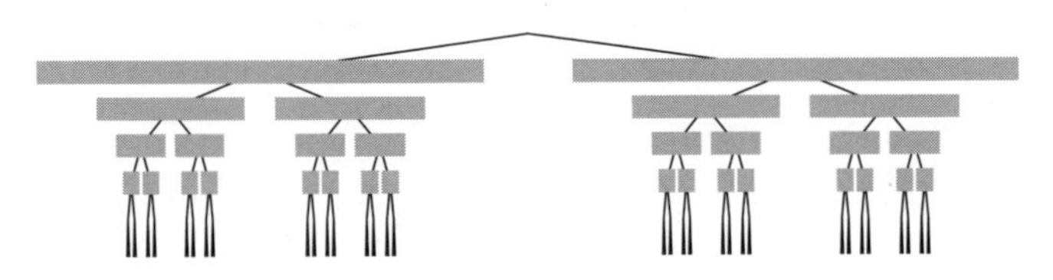

図 7.2　C 被覆区間

レルの定理によって，これらの区間の有限部分集合が $[0,1]$ を覆う．このように，与えられた二分木に適合するように C 被覆区間を選ぶことによって，ハイネ–ボレルの定理を使って木構造の有限性を証明できる．とくに，ハイネ–ボレルの定理が弱ケーニヒの補題を含意することが示せる．さらに，この含意が RCA_0 で証明可能であることも示せる．

7.5　ハイネ–ボレルの定理 ⇒ 弱ケーニヒの補題

3.5 節におけるハイネ–ボレルの定理の古典的証明は，ハイネ–ボレルの定理が弱ケーニヒの補題から導かれることを暗に示している．さらに，読者はこの逆も証明できるのではと期待しているかもしれない．しかしながら，RCA_0 においてこの二つの定理の間の同値性を証明するには，古典的証明とは少し異なる進め方をしなければならない．区間列に対するハイネ–ボレルの定理を使うことはもちろん，その証明が計算可能であるようにいろいろと工夫しなければならない．この同値性や，それに関連した一様連続性に関する結果はシンプソンによるもので，ここでの証明もシンプソンの証明 [77] に沿っている．

最初の目標は，区間列に対するハイネ–ボレルの定理から，（通常の形式と論理的に同値な）**T が無限に長い道をもたない二分木ならば，T は有限である**という形式の弱ケーニヒの補題を証明することである．ここでの方針は，T を，無限に長い道が C の元であるような完全二分木 B の部分木とみなし，ある C 被覆区間を T に関連づけることである．すると，ハイネ–ボレルの定理を使って，T の有限性が証明できる．

T から C 被覆区間の集合をつくるために，まず，T の**落ち葉**とよばれる頂点を次のように定義する．そして，T の落ち葉全体の上に対応する C 被覆区間を置く．図 7.3 は，T の落ち葉の上に置かれた C 被覆区間の一例を示している．ここで，T の辺は太線で描かれている．

定義　B の頂点 v は，u を v の直前の頂点とするとき，$v \notin T$ かつ $u \in T$ ならば，T の**落ち葉**とよばれる．

この定義からすぐにわかる二つのことを指摘しておく．

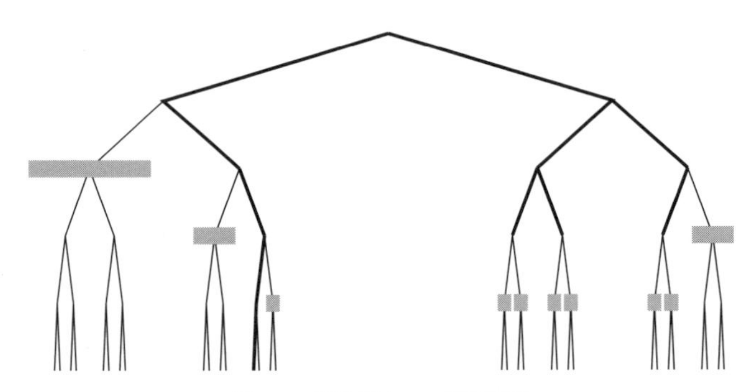

図 7.3 落ち葉と C 被覆区間

- T が無限に長い道をもたなければ，T の落ち葉を覆う C 被覆区間は C 全体を覆う．なぜなら，覆われていない点があるとすると，その点は無限に長い道に対応するが，T にはそのような道はないからである．
- 木 T の相異なる落ち葉に対応する C 被覆区間は，互いに交わらない．なぜなら，C 被覆区間が重なり合うのは，それらが同じ道の上にあるときだけであるが，道は落ち葉によってそれ以上伸びることはないので，一つの落ち葉がほかの落ち葉への道の上に現れることはないからである．

被覆されていない道についてのさらに重要な結果として，次の補題がある．

計算可能な無限に長い道の補題　T が有限個の落ち葉をもつ計算可能な無限木ならば，T は計算可能な無限に長い道をもつ．

証明　T は有限個の落ち葉しかもたないので，第 n 階層より下には落ち葉がないような n が存在する．T は無限個の頂点をもつので，第 n 階層でもっとも左側にある T の頂点がたしかに存在する．これを v_1 とする．

v_1 より下に落ち葉はないので，つねに直下の頂点のうち左側の頂点を選んで進めば，T における無限に長い道を（T の要素の情報から）**計算**できる．　□

ハイネ–ボレルの定理 ⇒ 弱ケーニヒの補題　T が無限に長い道をもたないならば，T は有限である．

証明　T を無限に長い道をもたない木として，T の落ち葉の上に置かれた C 被覆区間の集合を考える．このとき，前述の一つ目の指摘によって，この C 被覆区間の集合は C を覆う．それゆえ，これらの区間と C 補区間を合わせると，開区間による $[0,1]$ の被覆が得られる．ハイネ – ボレルの定理は，これらの区間のうちの有限個だけで $[0,1]$ が覆われることを主張する．とくに，C を覆うような，T の落ち葉の上に置かれた C 被覆区間は有限個である．

つぎに，前述の二つ目の指摘によって，相異なる落ち葉の上に置かれた C 被覆区間は互いに交わらないので，T は有限個の落ち葉しかもたないことが導かれる．しかしそうすると，T が無限木ならば，計算可能な無限に長い道の補題と再帰的内包公理から，T は無限に長い道をもつことが導かれるが，これは仮定に反する．したがって，T は有限である．　□

この証明は，計算可能な無限に長い道の補題により道が計算可能なので，RCA_0 において成り立つ．実際には，被覆区間が**列**であるようなハイネ – ボレルの定理の特別な場合だけがあれば十分である．（C 補区間と C 被覆区間の集合は，階層ごとに並べることによって列として書くことができる．）また，区間の端点は**有理数**であると仮定してよい．ここで用いるハイネ – ボレルの定理は，一般的（古典的）なハイネ – ボレルの定理との違いをはっきりさせるために，**区間列に対するハイネ – ボレルの定理**とよばれる．古典的なハイネ – ボレルの定理と同じく，区間列に対するハイネ – ボレルの定理も RCA_0 において証明可能ではない．このことは，すでに 4.5 節の反例が示している．

このようにして，RCA_0 において，区間列に対するハイネ – ボレルの定理が弱ケーニヒの補題を含意することが示された．次節では，RCA_0 において逆向きの含意を示す．3.5 節において最初にハイネ – ボレルの定理を証明したときに述べたように，「計算可能」という条件を満たしつつ弱ケーニヒの補題からハイネ – ボレルの定理を導くためには，古典的な場合の証明をいくらか修正する必要がある．

7.6　弱ケーニヒの補題 ⇒ ハイネ – ボレルの定理

区間列に対するハイネ – ボレルの定理の主張は，有理区間列 $(a_1,b_1),(a_2,b_2),\ldots$

が $[0,1]$ を覆うならば, 列 $(a_1,b_1),(a_2,b_2),\ldots,(a_n,b_n)$ のある始切片もまた $[0,1]$ を覆うというものである．この定理を弱ケーニヒの補題から証明する．その証明は，カントル集合 C の構成法と少し似ている．すなわち，$[0,1]$ から区間 $(a_1,b_1),(a_2,b_2),\ldots,(a_n,b_n)$ を取り除いたときに（少なくとも一部は）残る閉区間が第 n 階層の頂点であるような二分木を構築する．

弱ケーニヒの補題 ⇒ 区間列に対するハイネ–ボレルの定理 (a_i,b_i) は有理区間で，無限列 $(a_1,b_1),(a_2,b_2),\ldots$ が $[0,1]$ を覆うならば，ある n に対して，$(a_1,b_1),(a_2,b_2),\ldots,(a_n,b_n)$ もまた $[0,1]$ を覆う．

証明 与えられた区間列 $(a_1,b_1),(a_2,b_2),\ldots$ に対して，その第 n 階層の頂点が $[0,1]$ の閉部分区間であるような木 T を構成する．その部分区間は，具体的には $[m/2^n,(m+1)/2^n]$ で表せて，

$$(a_1,b_1),\quad (a_2,b_2),\quad \ldots,\quad (a_n,b_n)$$

によって完全には覆われないものである．たとえば，区間 (a_i,b_i) の最初の 3 個を $(1/3,4/3)$, $(-1/8,1/16)$, $(5/32,7/32)$ とすると，T の最初の 3 階層は，図 7.4 に示したようになる．（被覆区間は白色で描いているので，それらが覆う $[0,1]$ の部分は見えなくなっている．）

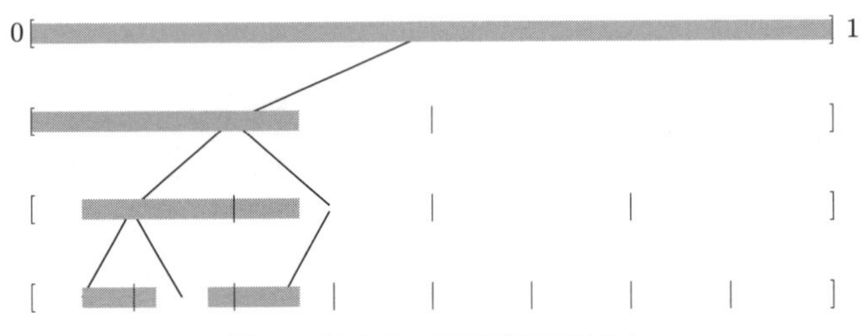

図 7.4 不完全な被覆部分区間の木

それに対応する T の（最上位の頂点 $[0,1]$ の下にある）頂点は，次のようになる．

- 第 1 階層には $[0,1/2]$ がある．なぜなら，$[1/2,1]$ は，$(1/3,4/3)$ によって覆われているからである．
- 第 2 階層には $[0,1/4]$, $[1/4,1/2]$ がある．なぜなら，そのいずれも $(1/3,4/3)$, $(-1/8,1/16)$ によって覆われないからである．

- 第 3 階層には $[0,1/8],[1/8,1/4],[1/4,3/8]$ がある．なぜなら，$[1/8,1/4]$ は $(5/32,7/32)$ によって覆われないからである．

第 n 階層のそれぞれの部分区間から，その半分の区間で第 $n+1$ 階層で残っているものへの T の辺がある．したがって，T は二分木である．

$(a_1,b_1),(a_2,b_2),\ldots$ は $[0,1]$ を覆うので，それぞれの $x\in[0,1]$ はある (a_i,b_i) に属する．実際には，十分大きい n に対して，2^n 個の部分区間のうちで x が属するものはある (a_i,b_i) の内部にあり，したがって，その右側の部分区間も左側の部分区間も (a_i,b_i) の内部にある．部分区間がこのようになったとき，これら 3 個の部分区間はいずれも T に属していない[†4]．したがって，x に向かう T のすべての道は打ち切られる．それゆえ，T には無限に長い道がない．その結果，弱ケーニヒの補題によって T は有限になる．

n を T の頂点を一つも含まないような最初の階層とすると，T の定義から，$(a_1,b_1),(a_2,b_2),\ldots,(a_n,b_n)$ は $[0,1]$ を覆うことが導かれる．□

この証明において，木 T は列 $(a_1,b_1),(a_2,b_2),\ldots$ からあきらかに計算可能である．したがって，この証明は，前節の逆向きの結果の証明と同じように，RCA_0 の中で行える．こうして，（4.5 節で見たように）RCA_0 では弱ケーニヒの補題も区間列に対するハイネ–ボレルの定理も証明可能ではないが，それらの**同値性**は証明可能なのである．この意味で，弱ケーニヒの補題は，区間列に対するハイネ–ボレルの定理を証明するために RCA_0 に追加される「適切な公理」である．

7.7　一様連続性

3.7 節において，関数 f は，集合 S に属するすべての x,y とすべての $\varepsilon>0$ に対して，次のような $\delta>0$ が存在するならば，S 上で**一様連続**と定義した．

$$|x-y|<\delta\Rightarrow|f(x)-f(y)|<\varepsilon$$

そのときに述べたように，一様とは，δ は ε だけに依存し，x や y には依存しな

[†4]　x が区間の端点である場合には，このようなことを気にする必要がある．その場合には，T の二つの相異なる無限に長い道が x へとつながってしまう可能性がある．

いという意味である．ここでは，n を正整数とするとき，δ を明示的に ε の**関数**であるとし，「いくらでも小さい」$\varepsilon > 0$ を明示的に 2^{-n} であるとすると都合がよい．すると，ε に対する δ の依存性は，$\varepsilon = 2^{-n}$ であるときに $\delta = 2^{-h(n)}$ とおくことによって，正整数の関数 h として表すことができる．この関数は**一様連続率**とよばれる．このとき，次のように定義する．

定義　集合 S 上の関数は，すべての $x, y \in S$ とすべての $n \in \mathbb{N}$ に対して次の式が成り立つならば，**一様連続率** h **で一様連続**であるという．

$$|x - y| < 2^{-h(n)} \Rightarrow |f(x) - f(y)| < 2^{-n}$$

すると，$[0, 1]$ 上の任意の連続関数が一様連続であるという古典的な定理は，RCA_0 における次の主張に対応する．

弱ケーニヒの補題 ⇒ 一様連続性　弱ケーニヒの補題は，$[0, 1]$ 上の任意の連続関数が一様連続率をもつことを含意する．

証明　詳細については省略する．しかし，RCA_0 において，弱ケーニヒの補題が区間列に対するハイネ－ボレルの定理を含意するという前節の証明と，ハイネ－ボレルの定理が一様連続性を含意するという 3.7 節の証明を組み合わせればよい．後者の証明も，RCA_0 での証明になるよう「計算可能」にできる．□

さらに重要なのは，RCA_0 においては，一様連続性が弱ケーニヒの補題を含意するので，弱ケーニヒの補題は一様連続性を証明するための「適切な公理」ということである．

一様連続性 ⇒ 弱ケーニヒの補題　$[0, 1]$ 上の連続関数の一様連続性は，弱ケーニヒの補題を含意する．

証明　弱ケーニヒの補題が成り立たなければ，$[0, 1]$ 上の連続関数で一様連続でないものが存在することを証明する．まず，T は無限に長い道をもたない無限二分木であると仮定する．T から，$[0, 1]$ 上の連続関数 f で一様連続でないものを計算する．実際には，f は**非有界**になる．なぜなら，f の値は T のすべての道の長さを含むからである．

階層ごとに T の頂点を見つけることで，7.4 節と 7.5 節で述べたように，T の**落ち葉**とそれに対応する C 被覆区間を階層ごとに枚挙できる．同時に，7.4 節で述べたように，各階層までの C 補区間を枚挙できる．第 n 段階では，第 n 階層に至るまでに現われた C 被覆空間および C 補空間の和集合 U_n に属する x に対して f を定義する．具体的には，第 $n-1$ 段階の f の定義を拡張して，新たに出現した区間それぞれに対して，f が U_n 上で区分的線形になるようにする．すると，f は U_n 上で連続になる．

f の定義にはかなり自由度がある．重要なのは，**第 n 段階で現れた新たな C 被覆区間 I に対して，I の少なくとも一つの点 x で $f(x)$ を n と定義する**という要請だけである．これはつねに可能である．なぜなら，C 補区間は C の点を覆わないので，第 n 段階において，C の**区間**は覆われていないからである．その結果，I が最初に現れたときには，f は I の部分区間 J 全体で未定義である．C 補区間はすべて $[0,1]$ の中にあるので，J は $[0,1]$ に含まれる．これで，少なくとも一つの $x \in J$ において $f(x) = n$ で，なおかつ J で連続になるように f を拡張できる．

これで，f は，いくらでも大きい n に対して値 n をとり，$[0,1]$ 上で非有界であることが導かれる．これは，T は無限であるが，その道はすべて有限なので，落ち葉がいくらでも深い階層に現れるからである．そして，f はそれぞれの点 $x \in [0,1]$ において連続なので，区間 $[0,1]$ 上で連続である．実際には，それぞれの $x \in [0,1]$ はある段階で開集合 U_n に含まれる．そして，その段階で，f は x において定義され連続になる．□

系　極値定理は，弱ケーニヒの補題を含意する．

証明　一様連続性 ⇒ 弱ケーニヒの補題の証明は，弱ケーニヒの補題が成り立たないならば，極値定理が成り立たないことも示している．なぜなら，f は $[0,1]$ 上で非有界かつ連続だからである．したがって，極値定理は弱ケーニヒの補題を含意する．□

この系は RCA_0 で証明できる．また，古典的証明（3.6 節）に計算可能性を取り入れることで，この系の逆，すなわち，弱ケーニヒの補題が極値定理を含

意することも RCA_0 で証明できる．この逆向きの含意は次節で証明する．このように，弱ケーニヒの補題は極値定理を証明するのにも「適切な公理」である．一様連続性とリーマン積分可能性の間の密接な関係を考えると，弱ケーニヒの補題は，連続関数のリーマン積分可能性を証明するのにも「適切な公理」だと予想できる．これらの定理や，RCA_0 において弱ケーニヒの補題との同値性が証明できるほかの定理の詳細については，シンプソンの本 [77] を参照のこと．

7.8　弱ケーニヒの補題 ⇒ 極値定理

極値定理の古典的証明（3.6 節）と同じように，$[0,1]$ 上に非有界連続関数があると仮定するところから始めよう．2 等分を繰り返して，f が非有界である領域を狭め，矛盾を導く．しかし今回は，計算可能な処理で f が非有界となる領域を求めなければならない．そこで，部分区間の**木**を計算し，部分区間 I 上で f のとる値がほかの部分区間上の値よりも小さいとわかりさえすれば I を除外する．（そのような区間をどのようにして見つけるかは，このあとの説明を参照のこと．）すると，無限に長い道をもたない無限二分木が構成できて，これは弱ケーニヒの補題と矛盾する．

除外する区間の見つけ方　f が部分区間 I 上でほかの部分区間上の値よりも小さい値をとるとき，そのことは $f((c_n,d_n)) \subseteq (a_n,b_n)$ であるような有理区間対の列 $\langle (c_n,d_n),(a_n,b_n)\rangle$ である f の表現（7.2 節を参照）から確かめられる．実際，I が十分に小さければ，I はある (c_m,d_m) の部分集合なので，f における対を枚挙することによって，いつかはそのような (c_m,d_m) が見つかる．その結果，すべての $x \in I$ に対して $a_m < f(x) < b_m$ となる．f がある区間 J 上で b_m 以上の値をとるとしたら，$f((c_n,d_n)) \subseteq (a_n,b_n)$ かつ $a_n \geq b_m$ で，J を部分集合とする (c_n,d_n) を見つけることによって，いつかは f が b_m 以上の値をとることがわかる．このような (c_n,d_n) が見つかれば，I 上で f がとる値は，J 上でとる値よりも小さいことがわかる．

弱ケーニヒの補題 ⇒ 有界性　　$[0,1]$ 上の非有界連続関数が存在するならば，無限に長い道をもたない無限二分木が存在する．

証明　$[0,1]$ の 2 等分を繰り返して得られる区間は，完全二分木の頂点と見ることができる．その完全二分木では，$[0,1]$ が最上位の頂点であり，$[0,1/2]$ と $[1/2,1]$ がその直下の頂点というように続く．そのように見た完全二分木を，図 7.5 に示す．

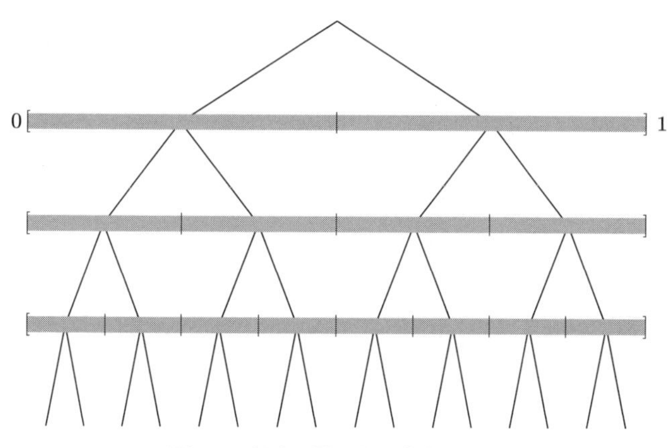

図 7.5　部分区間による完全二分木

この完全二分木の部分木 T を，次のようにして段階的に計算する．第 n 段階では，f に属する最初の n 個の対を枚挙して，第 n 階層の部分木（すなわち，長さ 2^{-n} の部分区間）I を検査する．部分区間 I がすでに除外した部分区間の下に位置するか，または，（前述の除外処理によって）I 上での f の値がほかの区間上の値よりも小さいことがわかったならば，I を**除外**する．

このことから，T は f から計算可能であることが導かれる．第 n 階層の区間 I が T に属するかどうかを決定するために，第 n 段階まで前述の計算を実行する．すると，再帰的内包公理によって，この木 T は存在する．

また，f は非有界なので，すべての階層に除去**されない**区間が存在し，したがって T は無限木である．しかしながら，T が無限に長い道をもつならば，その道は，たとえば c をただ一つの共通点とする，縮小閉区間列に対応する．そして，これらの区間上での f の値は非有界でなければならない．そうでなければ，f がもっと大きい値をとることがわかった時点で区間列が打ち切られてしまう．すると，$f(c)$ は未定義になってしまい，f の連続性に反する．

この矛盾によって，T は無限に長い道をもたないことが示された．

このようにして，$[0,1]$ 上の非有界連続関数 f は，無限に長い道をもたない無限二分木があることを含意する．対偶をとると，それぞれの無限二分木が無限に長い道をもつ（弱ケーニヒの補題）ならば，すべての連続関数 f は有界である． □

実際には，このあとの極値定理の証明にはこの定理は必要ではない．しかし，その証明に対するよい動機づけになる．ここでは，非有界連続関数 f の代わりに，最大値をもたない連続関数 f を使う．つまり，ある上限を超える $f(x)$ の値を探す代わりに，それまでに見つかっているどの値よりも大きい $f(x)$ の値を探す．しかしながら，ある区間 I 上では f がほかの区間上よりも小さい値をとることを見つけるのに，同じ構成法を適用できる．

弱ケーニヒの補題 ⇒ 極値定理　最大値をもたない $[0,1]$ 上の連続関数が存在するならば，無限に長い道をもたない無限二分木が存在する．

証明　f は $[0,1]$ 上の連続関数で，最大値をとらないと仮定する．前の証明と同じように，区間 $[0,1]$ の 2 等分を繰り返し，同じアルゴリズムを用いて f から部分区間の完全二分木の部分木 T を計算する．

f は連続かつ最大値をもたないので，任意の $f(x_1)$ に対して，それよりも大きい $f(x_2)$ が存在する．その結果，x_1 を含む十分に小さい区間 I_1 と x_2 を含む区間 I_2 に対して，f が I_1 上でとる値は I_2 上でとる値よりも小さいことがわかり，区間 I_1 を T から除外することになる．すると，前の証明と同じように，ある区間が除外されるのはほかの区間が残るときだけであり，したがって T は無限木になる．

この場合も，前の証明と同じように，T の無限に長い道は，ただ一つの共通点 c をもつ縮小閉区間列に対応する．そして，これらの区間上での f の値は，少なくともほかの区間の f の値より大きくなければならない．そうでなければ，f がもっと大きい値をとるとわかった時点で区間列が打ち切られてしまうからである．すると，f の連続性によって $f(c)$ が存在し，$f(c)$ は $[0,1]$ 上の f の最大値でなければならない．

この矛盾によって，T は無限に長い道をもたない．したがって，最大値をもたない $[0,1]$ 上の連続関数 f は，無限に長い道をもたない無限二分木の存在を含意することが示された．対偶をとると，それぞれの無限二分木が無限に長い道をもつ（弱ケーニヒの補題）ならば，$[0,1]$ 上の任意の連続関数 f は最大値をとることもわかる．□

7.9　WKL_0 の定理

ここで，WKL_0 を RCA_0 に弱ケーニヒの補題を加えたものと定義する．つまり，WKL_0 は，RCA_0 に追加する集合存在公理を弱ケーニヒの補題としたものである．（実際，弱ケーニヒの補題は再帰的内包公理を含意する[†5]ので，これこそが WKL_0 における集合存在公理である．）このとき，7.6〜7.8 節の結果から，ハイネ－ボレルの定理，一様連続性，極値定理が WKL_0 の定理であることが導かれる．これらは RCA_0 の定理ではない．なぜなら，RCA_0 では，4.5 節の反例によって，弱ケーニヒの補題が成り立たないからである．

WKL_0 が興味深いのは，ハイネ－ボレルの定理などの基本的な定理だけでなく，ハイネ－ボレルの定理よりも難しいと一般的に考えられているいくつかの重要な定理も証明できるからである．そのような重要な定理の中には，2 次元以上でのブラウワーの不動点定理[†6]やジョルダンの閉曲線定理がある．

ブラウワーの不動点定理の証明は，比較的わかりやすい．なぜなら，**スペンサーの補題**を用いる標準的な証明を，WKL_0 における証明に変換できるからである．逆向きの含意については，塩路と田中の論文 [75] で概略を確認できるが，それほど自明ではない．このように，ブラウワーの不動点定理は，弱ケーニヒの補題と RCA_0 上で同値になる．

ジョルダンの閉曲線定理では，状況は逆転する．WKL_0 におけるジョルダンの閉曲線定理の証明[73]は（古典的証明と同じように）難しいことが知られているが，ジョルダンの閉曲線定理が弱ケーニヒの補題を含意することの証明はきわめて単純である．ジョルダンの閉曲線定理は，$\mathbb{R}^2$ から曲線の像を除いたものは 2 個の連結成分からなるというものである．ただし，曲線とは交わらない

---

†5　訳注：無限二分木が存在するためには何らかの集合存在公理を必要とするので，この主張は正確ではない．

†6　1 次元のブラウワーの不動点定理は，中間値の定理から簡単に導くことができ，したがって，RCA_0 で証明可能である．それゆえ，RCA_0 と WKL_0 の差は，1 次元とそれよりも高次元の不動点定理の差を反映しているといえる．

ような点 P から点 Q への折れ線が存在するときに，P と Q は同じ連結成分に属するという．このとき，（無限に長い道をもたない無限二分木が存在すれば，前節と同じようにして導かれる）$[0,1]$ 上で正の連続関数 f で最大値のないものを用いて，ジョルダンの閉曲線定理の反例が構成できる．f から，最小値はもたないが，$[0,1]$ 上で 0 を最大下界（下限）とする正の連続関数 $1/f$ が得られる．

$1/f$ のグラフの端点 $\langle 0, 1/f(0)\rangle$, $\langle 1, 1/f(1)\rangle$ を $[0,1]$ の端点と鉛直線分で結ぶと，（図 7.6 で示したような）その補集合が 2 個より多くの連結成分からなるような単純閉曲線が得られる．これは，グラフよりも下で x 軸よりも上にあって，$1/f(x)$ がいくらでも小さくなるような x の値で分離された 2 点 P と Q を考えるとわかる．P も Q もこの曲線の補集合の「外側」の連結成分には属さないが，この曲線に交わらない多角形の道でこの 2 点を結ぶことはできない．なぜなら，そのようないかなる道も x 軸からの距離の最小値は正だからである．

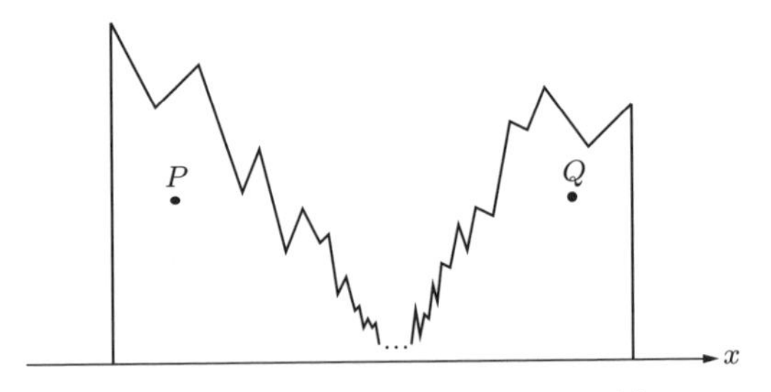

図 7.6 ジョルダンの閉曲線定理の反例

また，坂本と横山は，ジョルダンの閉曲線定理の一般化である**シェーンフリーズの定理**も，RCA_0 上では弱ケーニヒの補題と同値であることを証明した [73]．シェーンフリーズの定理は，平面上の単純閉曲線の内部は，連続な全単射によって円板に写像できるというものである．これよりも強い**リーマンの写像定理**は，この内部が円板と**等角**同値，すなわち，それらの間に角度を保つような連続全単射が存在することを意味する．横山はリーマンの写像定理が算術的内包公理と同値であることを証明し，さらに堀畑と横山はジョルダン曲線内部に対するリーマンの写像定理が弱ケーニヒの補題と同値になることを証明した [51]．この結果は，リーマンの写像定理が ACA_0 において証明可能であるが，WKL_0 においては状況によって証明可能でないことを意味している．その理由は次節で確認しよう．

トポロジーのそのほかの定理

ブラウワーは，そのほかにもトポロジーの有名な二つの定理を証明した[9]．それは，**定義域の不変性**と**次元の不変性**であり，いずれもブラウワーが論文 [10] で証明した不動点定理からの帰結である．（スペンサーの補題[81]は，ブラウワーの不動点定理を証明するだけでなく，ブラウワーの不変性定理の証明を簡単にするためにも使われた．）定義域の不変性とは，$\mathbb{R}^n$ の開集合を定義域とする連続な単射写像の像は開集合になるというものである．（定義域の不変性から簡単に導くことのできる）次元の不変性とは，$m \neq n$ ならば $\mathbb{R}^m$ と $\mathbb{R}^n$ の間に連続な全単射はないというものである．これらの定理は不動点定理を用いて RCA_0 で証明できるので，WKL_0 の定理である．

しかしながら，（少なくとも 2 次元以上では）これらの不変性定理が RCA_0 で証明可能なのかはまだわかっていない．また，これらの定理が弱ケーニヒの補題を含意するかどうか，そしてその結果，弱ケーニヒの補題と同値かどうかもわかっていない．ブラウワーの不変性定理の正確な強さを把握することは，逆数学におけるもっとも興味深い未解決問題の一つだろう．

$m = 1, n = 2$ とした次元の不変性の特別な場合は，RCA_0 で証明可能である．これを証明するには，$f : \mathbb{R} \to \mathbb{R}^2$ が連続全単射であると仮定して矛盾を導く．ここで，$\mathbb{R}$ は単一の点 $x = 0$ によって**分離**できる．これは，-1 から 1 への 0 を通らない $\mathbb{R}$ の連続な「道」がない，すなわち，$t(0) = -1$ かつ $t(1) = 1$ となるような連続関数 $t : [0, 1] \to \mathbb{R} - \{0\}$ はないという意味である．このような関数 t は値 0 をとらないので，中間値の定理が成り立たない．一方，$f(-1)$ から $f(1)$ への $f(0)$ を通らない $\mathbb{R}^2$ の連続な道は，あきらかに「存在する」．なぜなら，f が全単射だという仮定によって，これらの点は相異なるからである．これは，f が連続全単射という仮定，すなわち f^{-1} が存在して連続であることに矛盾する．なぜなら，f^{-1} は，-1 から 1 への 0 を通らない $\mathbb{R}$ の連続な道になるからである．

この特別な場合が RCA_0 で証明可能なのは，中間値の定理が RCA_0 で証明可能だからである．しかし一般には，この特別な場合は，m と n が任意の場合に比べてかなり簡単であると考えられている．なぜなら，「分離」は，2 次元以上では扱いにくい概念だからである．したがって，RCA_0 における一般の次元の不変性の証明は難しいと考えられている．高次元における定義域の不変性については，定義域の不変性が次元の不変性を含意するため，より難しいと考えられている．

7.10　$\mathsf{WKL_0}$，$\mathsf{ACA_0}$，そしてその先

ACA_0 は弱ケーニヒの補題を証明するので，WKL_0 の定理はすべて ACA_0 において証明可能である．実際，ACA_0 は WKL_0 よりも多くの定理を証明できる．しかし，より多くの定理を証明できるということの証明は，論理学と計算可能性理論の高度な結果に依存している．論理学からのアプローチは 8.3 節で，計算可能性理論からのアプローチは 8.4 節でさらに詳しく論じる．しかしながら，ここでもこれらのアプローチを簡単に述べておくほうがよいだろう．

ACA_0 は，WKL_0 の公理を満たす集合のクラスを定義することによって，WKL_0 の**無矛盾性**を証明できる[†7]．しかし，論理学の名高い定理である**ゲーデルの第 2 不完全性定理**は，WKL_0 がそれ自体の無矛盾性を証明できないと主張している．したがって，WKL_0 の無矛盾性についての形式的言明 $\mathrm{Con}(WKL_0)$ は ACA_0 の定理であるが，WKL_0 の定理にはならない．このことから，（強）ケーニヒの補題やボルツァーノ－ワイエルシュトラスの定理など，算術的内包公理に同値な ACA_0 の任意の定理は，WKL_0 の定理ではないことが導かれる．そうでなければ，WKL_0 は ACA_0 と同じだけ定理を証明できてしまうからである．

別の見方をすれば，この結果は，算術的定義可能集合をすべて含むわけではないような集合のクラスから WKL_0 のモデルがつくれるということを示している．6.1 節で見たように，ACA_0 の任意のモデルはすべての算術的定義可能集合を含む．このことから，WKL_0 は ACA_0 を含まないことが導かれる．

実際には，$\Sigma^0_2 \cap \Pi^0_2$ に属する集合のクラスによって，WKL_0 のモデルをつくることができる．このモデルをつくる際には，計算可能性理論にある**低次数**とよばれる概念が用いられる．低次数の集合は $\Sigma^0_2 \cap \Pi^0_2$ に属し，低次数の任意の

[†7]　訳注：ここでは，次の 2 点を無視した議論になっていることに注意しておく．第一に，自然数部分の超準構造を考慮していないこと．第二に，WKL_0 のモデルになるために十分な集合を与えても，それに対する充足述語を定義しないと無矛盾性は導けないこと．巻末解説を参照のこと．

無限木は低次数の無限に長い道をもつ．このことから，低次数の集合のクラスは，WKL_0 のモデルを与えることが導かれる．そして，このモデルは，算術的定義可能集合をすべて含むわけではない．なぜなら，2.9 節で見たように，すべての算術的定義可能集合は，$\Sigma^0_2 \cap \Pi^0_2$ に属しているからである．低次数の概念についての詳細は 8.4 節を参照のこと．そして，低次数のカギとなる定理については，シンプソンの本 [77] を参照のこと．

五大体系

ここまでに述べた解析学とトポロジーの定理は，公理系 RCA_0, WKL_0, ACA_0 のいずれかに非常にきれいに収まる．それらの定理は，RCA_0 で無条件に証明できなければ，WKL_0 と ACA_0 を定義する公理である弱ケーニヒの補題か算術的内包公理のいずれかと同値であることが証明される．それゆえ，次のように整理された定理の分類をもって幕引きとしたくなる．

- RCA_0 で次の定理を証明できる．

中間値の定理

- WKL_0 で次の定理を証明できる．

区間列に対するハイネ – ボレルの定理
⇔ 一様連続性定理
⇔ 極値定理
⇔ 連続関数のリーマン積分可能性
⇔ ブラウワーの不動点定理
⇔ ジョルダンの閉曲線定理
（同値性は RCA_0 の中で証明可能）

- ACA_0 で次の定理を証明できる．

ケーニヒの補題
⇔ 数列に対するボルツァーノ – ワイエルシュトラスの定理
⇔ 数列に対する最小上界原理

$\Leftrightarrow$ コーシーの収束判定条件
（同値性は RCA_0 の中で証明可能）

しかし，数学では，このようなきれいな終わり方をすることはまずない．実際，いくつかの変則的な定理がある．その中には，二つの新たな公理系に収容されるものもあれば，この整理された分類の仕切りを台無しにするようなものもある．そのような定理の一つに，6.6 節で述べた無限ラムゼイ定理 $\forall k \mathrm{RT}(k)$ がある．そこで述べたように，この定理の特別な場合のあるものは算術的内包公理と同値であるが，無限ラムゼイ定理そのものは ACA_0 で証明可能ではない．

したがって，もっと強い集合存在公理から無限ラムゼイ定理が証明可能だと期待することになる．このような公理のうち，自然で，なおかつさまざまな興味深い定理と同値になる二つの公理が見つかっている．その二つの公理のうち，弱いほうは**算術的超限再帰**とよばれる．この公理を PA に追加すると，ATR_0 とよばれる体系になる．ATR_0 は無限ラムゼイ定理を証明できる強さをもつ．実際には，ATR_0 は十分過ぎるほど強い．なぜなら，無限ラムゼイ定理は，算術的超限再帰を含意しないからである．しかしながら，算術的超限再帰は，もっと興味深い定理と同値であるため，PA に追加するにはふさわしい公理と考えられている．

現在のところ自然と考えられるもっとも強い集合存在公理は，$\boldsymbol{\Pi}_1^1$ **内包公理**とよばれている．記号 Π_1^1 は，集合を定義する性質 $\varphi(n)$ に集合量化子を許すことを表している．そのような量化子は，$\mathbb{N}$ の**整列順序** R の定義に現れる．整列順序の定義は，R が全順序であり，$\mathbb{N}$ のすべての部分集合には順序関係 R のもとでの最小元があるというものである．集合存在公理として Π_1^1 内包公理をもつ体系は，Π_1^1-CA_0 とよばれる．公理系 RCA_0, WKL_0, ACA_0, ATR_0, Π_1^1-CA_0 は，「五大体系」として知られている．こうよばれるのは，これらを合わせると，通常の数学に現れるほとんどの定理がその範囲に収まっていて，なおかつそれらの集合存在公理の「軌道」（RCA_0 上での論理的同値類）には大量の定理があるからである．

公理系 ATR_0 と Π_1^1-CA_0 は，ともに可算整列順序を扱うことができる．さらに，これらの定理は集合論的な特徴をもつものが多い．たとえば，Π_1^1 内包公理に同値なものとして，$\mathbb{R}$ の非可算な閉部分集合は可算集合と完全集合の和集合になるというカントル－ベンディクソンの定理がある．このような定理は「通常」の解析学の境界線上にある．したがって，解析学の研究者は，RCA$_0$, WKL$_0$, ACA$_0$ の定理で十分に満足しているのかもしれない．しかしながら，組合せ論には，ACA$_0$ の水準を超えた重要な定理がいくつかある．そのような定理としては，これまで見てきた無限ラムゼイ定理のほかにも，クルスカルの定理 [53] やロバートソン－シーモアの定理 [69] のような興味深い例がある．

クルスカルの定理とロバートソン－シーモアの定理

問題にしているこれらの定理を述べる前に，同じ種類の「小さな」定理として，**昇列/降列原理** (ADS: ascending/descending sequence) について述べておこう．ADS は，**任意の無限有理数列は無限単調部分列を含む**というものである．この定理は，どことなくボルツァーノ－ワイエルシュトラスの定理に似た主張だが，少し単純にも思える．（実際，ADS はボルツァーノ－ワイエルシュトラスの定理から導くことができる．）しかし，ADS は RCA$_0$ で証明可能ではないので，自明ではない．不思議なことに，ADS は「五大体系」にうまく収まるとは考えられていない．実際，ADS は，ACA$_0$ より下のどこかに位置づけられるが，WKL$_0$ には含まれない．（ADS について知られている込み入った事実については，ハーシフェルトの本 [50] を参照のこと．）

クルスカルの定理やロバートソン－シーモアの定理も，「無限列は無限単調部分列を含む」という形式で表現できる．ただし，列の要素は数ではなく有限グラフであり，その順序づけは通常の数の順序関係ではなく有限グラフにふさわしい関係である．グラフ理論になじみのない読者には，ディーステルの本 [25] を薦める．この本には，「埋め込み」や「グラフマイナー」という順序関係が説明されていて，クルスカルの定理の証明もある．この節では，「五大体系」に対する，クルスカルの定理とロバートソン－シーモアの定理の特筆すべき位置づけを指摘するだけにしよう．

それらの定理の主張は，一般に次のように表現される．

クルスカルの定理　$T_1, T_2, T_3, \ldots$ が有限木の無限列ならば，ある $i < j$ について T_i は T_j に埋め込まれる．

ロバートソン－シーモアの定理　$G_1, G_2, G_3, \ldots$ が有限グラフの無限列ならば，ある $i < j$ について G_i は G_j のマイナーである．

無限単調部分列について，これらの定理と同値な主張が，次のようにして得られる．有限木の無限列 $T_1, T_2, T_3, \ldots$ が与えられたときに，木 T_m で，$m < n$ となるすべての T_n には埋め込まれ**ない**ようなものを考える．クルスカルの定理によって，このような T_m は有限個しかない．このとき，与えられた列からこのような T_m を取り除くと，残ったそれぞれの木 T_i は，$i < j$ であるようなある T_j に埋め込まれる．それゆえ，$\prec$ を「埋め込まれる」という関係とするとき，次のような無限部分列を構成できる．

$$T_{i_1} \prec T_{i_2} \prec T_{i_3} \prec \cdots$$

グラフマイナー関係のもとでの有限グラフにも同じような論法を適用すると，上記の定理は（ADS の主張をまねて）次のように述べることもできる．

クルスカルの定理　有限木の無限列は，「埋め込み」関係のもとで増大する無限部分列を含む．

ロバートソン－シーモアの定理　有限グラフの無限列は，グラフマイナー関係のもとで増大する無限部分列を含む．

次のフリードマンらの結果 [33] によって，これらの定理が「五大体系」とは相対的に離れた位置にあることが知られている．**クルスカルの定理は（Π^1_1-CA$_0$ では証明できるが）ATR$_0$ において証明可能ではなく，ロバートソン－シーモアの定理は Π^1_1-CA$_0$ において証明可能ではない．**

第8章
全体像

A Bigger Picture

本書では，普通の数学者でも逆数学を最大限に理解できるよう，論理学や計算可能性理論の技法を用いるのは最小限に抑えた．しかしながら，これは，論理学からの多くのアイデアは簡単に述べられているだけで，省略されていることを意味する．これらのアイデアをもっと知りたくてたまらない読者もいるに違いない．（私はそうだと期待している．）

最終章の狙いは，この省略したアイデアのいくつかを拾い上げ，それらを論理学と計算可能性理論という大きな枠組みの中に位置づけることである．詳しくは説明できないが，このような概略が何かの役に立ったり，興味をもった読者が巻末の参考文献から詳細な情報を手に入れられるようになったりすることを期待している．

この章ではまず，**構成的**数学の概略から始める．構成的数学は，実無限の使用に異議を唱えていた少数の数学者が発展させてきた．構成的数学からは，RCA_0 公理系などで用いられている計算可能数学に対して，役に立つ技法がいくつも見つかっている．

そのあとで，論理学の完全性と，PA やそれに関連する体系の不完全性について説明する．これらの結果は，数学というものが，いつでも無条件に定理を証明できるわけではないが，それと論理的に**同値**なものが数多く見つかるような領域であることを明らかにする．ここから，公理としてふさわしい同値な命題を探すという，逆数学の可能性が生まれた．

つぎに，定理の同値類が計算可能性理論を用いることで区別しやすくなることを説明する．そして最後に，この同値類の順序づけに関する二，三の注意と，この順序づけによって数学的な**深さ**の概念をどのようにとらえられるかについて述べる．

8.1 構成的数学[†1]

実数が自然数の集合に対応するという発見は，第2章で記述した解析学の算術化にとっての突破口になった．しかし，1874年にカントルが示した$\mathbb{R}$は非可算であるという事実によって，実無限という概念が再び息を吹き返してしまう．多くの数学者は，$\mathbb{R}$が研究に必要だから（必要はいい過ぎかもしれないが，少なくとも便利ではあった）という理由でその心理的な抵抗を乗り越えたが，何人かの著名な数学者は，実無限をかたくなに拒んだ．つまり，数学における**構成的**な対象，すなわち，のちに「計算可能」とよばれる対象しか受け入れないと宣言したのである．

構成的数学を最初に支持したのは，数論学者レオポルド・クロネッカー (1823–1891) である．クロネッカーは算術化を支持してはいたが，それは算術化が構成的な場合のみであった．クロネッカーが自身の命名した「一般算術の基本定理」を支持して，代数学の基本定理 (FTA) を拒絶したことは有名である．なぜなら，古典的なFTAでは，方程式の解が，非構成的集合である$\mathbb{C}$の中に位置づけられているからである．$\mathbb{C}$の代わりとして，クロネッカーは，それぞれの整係数の既約多項式$p(x)$に対して，方程式$p(x)=0$の解がxの同値類になるような「$p(x)$を法とする整数多項式」の領域を構成した．クロネッカーの構成法は現在の意味で計算可能なので，この構成法を使えば，RCA_0において古典的なFTAを証明できる．古典的なFTAに対するクロネッカーの主張に対しては，この証明で十分対抗できただろう．

しかし，その後の構成主義者は，古典的数学や古典論理に対して，また別の異議を唱えた．そのような著名な構成主義者としては，L.E.J. ブラウワー (1881–1966) がいる．ブラウワーは，次元の不変性（$m \neq n$であるとき，$\mathbb{R}^m$と$\mathbb{R}^n$の

[†1] 訳注：逆数学では，自然数の世界が一つに固定されていないので，素朴な構成法をただちに応用できないことも多い．また，計算可能な関数の値域は必ずしも計算可能ではないので，構成法があればよいわけではない．代数学の基本定理 (FTA) については，p.153の訳注も参照のこと．

間に連続全単射は存在しない）や 7.9 節で述べたブラウワーの不動点定理など，トポロジーにおいて優れた貢献をしたことで有名である．クロネッカーと同じように，ブラウワーも数学的対象は「構成的」でなければならず，その構成法が与えられなければ，その対象が「存在する」とはいえないと主張した．これを理由として，彼は，構成法が与えられず，単に存在を証明するような多くの古典的な定理を拒絶した．さらに彼は，対象の存在が矛盾を導くことを構成的に示せないのであれば，「非存在」とも断言できないと主張した．この主張に従うと，π の十進展開において，100 個の連続するゼロの並びが存在するかどうかも（いまのところ）主張できない．このような理由から，ブラウワーは，古典論理の規則である**排中律**も拒絶した．排中律は，任意の命題 φ に対して，φ か $\neg\varphi$ のいずれかが真になるという規則である．

クロネッカーやブラウワーの考え方は，多くの数学者が極端だと考えていたにもかかわらず，計算理論などの分野で有用であった．なぜなら，「計算可能」の概念は，それまで曖昧であった「構成的」の概念を明確にしたと考えられていたからである．構成的証明は，RCA_0 において古典的証明が十分に構成的ではないときに役立つことが多い．そして，このような理由によって，RCA_0 は「構成的解析学」の趣意を非常によくとらえていると考えられている．RCA_0 も古典論理を用いるので，構成的解析学と完璧に対応しているわけではない．しかし，シンプソンが記述しているように，逆数学における多くの証明は構成主義者によって生み出されたものである [77]．

このように，逆数学は構成的数学に大きな借りをつくった．私の考えでは，この借りはすでに返済されている．逆数学では，古典論理と非計算可能関数を受け入れることによって，ある定理が一つの公理系で証明可能だが，ほかの公理系では証明可能でない理由を**説明**できる．そして，それによって，構成主義者が拒絶したいくつかの定理が「どれほど非構成的か」を測ることができる．多くの定理は「それほど非構成的ではない」というのが，この問いに対する答えである．ブラウワーは，自身で発見した不動点定理などのいくつかの定理を非構成的であるとして拒絶した†2．しかしいまでは，逆数学のおかげで，不動点

---

†2 1927 年にブラウワーはベルリンで連続講義を行った．そこで，ブラウワーは，中間値の定理，極値定理，ボルツァーノ－ワイエルシュトラスの定理を拒絶し，最終的には彼の発見した不動点定理も拒絶した．ブラウワーの経歴は書籍 [89] を参照のこと．この本は，ブラウワーの魅力的な人

定理は弱ケーニヒの補題と構成的に同値であり，したがって，構成的数学からそれほどかけ離れていないことがわかっている．

8.2　述語論理

本書では，ほかの話題のついでに，論理学の言語について何度か言及した．PA の言語やその拡張である RCA_0 の言語は，一般的な**述語論理**の言語の一部である．その言語では，次のような記号が使われる．

変数： $x, y, z, \ldots, X, Y, Z, \ldots$
定数： $a, b, c, \ldots$
関数記号： $f, g, h, \ldots$
述語記号： $P, Q, R, \ldots$
論理記号： $\wedge$, $\vee$, $\neg$, $\Rightarrow$, $\Leftrightarrow$, $\forall$, $\exists$，それに括弧とコンマ

また，ほかの話題のついでに，**論理的に恒真**な論理式，すなわち，非論理記号のすべての解釈のもとで真になる論理式もいくつか言及した．たとえば，任意の論理式 φ と ψ に対して，次の論理式は恒真である．

$$\neg(\varphi \wedge \psi) \Leftrightarrow (\neg\varphi) \vee (\neg\psi)$$
$$\neg(\varphi \vee \psi) \Leftrightarrow (\neg\varphi) \wedge (\neg\psi)$$

しかし，論理的に恒真な論理式を見つけるための推論規則は与えていないし，推論規則の完全集合が存在することすら述べなかった．推論規則の完全集合を最初に発見したのは，フレーゲである [30]．ただしその時点では，フレーゲの推論規則が完全であるかどうかはわかっていなかった．

恒真な論理式を生成する推論規則の完全集合が存在することを最初に証明したのは，ゲーデルである [36]．その証明は，数理論理学の多くの教科書で述べられていて拙著 [83] にもあるので，ここでは述べない．しかし本書でも，6.7 節ですでによく似た証明を示している．その証明は，PA の**文からなる任意の無矛盾な集合は，それらがすべて真になるような解釈をもつこと**を示すものだっ

生物語だけでなく，トポロジーと数学の基礎の双方におけるブラウワーの考え方を見事に紹介している．

たが，これは述語論理の任意の文に対してもうまくいくことがわかっている．

同様の論法によって，ある解釈のもとでは偽になる文について，その文を反証するような**反証規則**集合が存在する．反証規則は，与えられた文をより短い文に還元する．たとえば，$\neg(\varphi \vee \psi)$ を反証するには，それよりも短い文 $\neg\varphi$ か $\neg\psi$ を反証すれば十分である．なぜなら，$\neg(\varphi \vee \psi) \Leftrightarrow (\neg\varphi) \wedge (\neg\psi)$ が成り立つからである．反証規則は，反証可能性が判断できるようになるまで論理式を分解し続ける．反証規則の逆は**推論規則**である．上記の例でいえば，$\neg\varphi$ と $\neg\psi$ から $\neg(\varphi \vee \psi)$ が推論される．このように，反証のプロセスの完全性によって，すべての論理的に恒真な論理式に対して，その論理式を証明する規則の完全集合が得られる．

ここから，完全性の証明の考え方や，この考え方と 6.7 節の定理との関連性が得られるだろう．その二つに共通するのは，木構造の無限に長い道を得るために弱ケーニヒの補題を用いていることである．具体的には，6.7 節の定理では論理式の無矛盾な集合を充足する解釈を見つけるためであり，完全性の証明では証明できない論理式を偽にする解釈を見つけるためである．これは偶然ではない．**述語論理の完全性定理もまた，弱ケーニヒの補題と同値なのである．**

この同値性によって，述語論理におけるある種の非計算可能性も明らかになる．実際，**述語論理における恒真性の判定問題は決定不能である**ことがチャーチ [17] とチューリング [88] によって証明されている．つまり，述語論理の任意の論理式 φ が与えられたときに，φ が論理的に恒真かどうかを判定するアルゴリズムは存在しないのである．計算理論における決定不能問題がわかってしまえば，恒真性問題の決定不能性はそれほど驚く結果でもない．計算が算術化できることは，1936 年にすでに知られていた．つまりこれは，計算が PA の公理から述語論理における演繹へと翻訳できるということである．実際には，算術化を迂回して述語論理に直接翻訳できる．これは，当時，「決定問題」として知られていた恒真性問題に対して，チューリングが決定不能性を証明したときに用いたやり方である [88]．

いずれにしても，決定問題の決定不能性によって，ゲーデルの完全性定理は異なる視点から見直された．つまり，**述語論理の恒真な論理式全体は計算的枚挙可能であるが，恒真でない論理式全体は計算的枚挙可能ではない**ということである．これは，真実は虚偽よりも理解しやすいといっているようにもとれる．

また，これは，RCA_0 において，たとえば弱ケーニヒの補題や単調収束定理との同値性が証明される定理がすべて計算的に枚挙できる，という意味でもある．このことは，期待しうる最良の結果である．なぜなら，次節でさまざまな観点から見るように，一般に，それらの定理を無条件に証明することはできないからである．

RCA_0 のような数学の公理系の主たる価値は，無条件には証明できないような定理の間の**同値性**が証明できることである．RCA_0 は，図 8.1 のようにも見ることができる．無条件に証明できる定理の「惑星」を，RCA_0 によって互いの同値性が証明できる定理の「輪」または「衛星」が取り囲んでいる．WKL_0 の輪は，弱ケーニヒの補題の軌道にあるすべての定理を含み，ACA_0 の輪は，単調収束定理の軌道にあるすべての定理を含む．そして，その外側に無限に多くの輪がある．なぜなら，無矛盾な体系では，証明できない定理が限りなくあるからである．

図 8.1 RCA_0 とそれを取り囲む二つの輪
NASA のカッシーニ宇宙船が 2013 年 10 月 10 日に撮影した画像から，ゴードン・アガーコヴィクが作製した土星とその輪の画像．

これが，次節で調べるゲーデルの**不完全性**の主張である．ゲーデルの完全性は，与えられた証明不可能な文と同値な文をすべて見つけることができるという意味において，ゲーデルの不完全性の効果を少しだけ和らげる．

公理論的数学の難しさは，基礎理論において文の証明不可能性を示すことにある．これはどんな基礎理論であっても難しい．第1章で見たように，平行線の公理がユークリッドの基礎的公理から証明可能でないことを示すのは大変である．そして，ZF において選択公理が証明可能でないことを示すのも大変である．いずれの場合も，問題としている公理が成り立たないような基礎理論のモデルを構成するために，かなりの創造性を必要とした．弱ケーニヒの補題や（強）ケーニヒの補題のように，RCA_0 において証明可能でない公理についても，ここまでの大掛かりさはないかもしれないが，同じことがいえる．次の二つの節では，証明不可能性についての理解をさらに深めていこう．

8.3　さまざまな不完全性

4.6 節では，決定不能性と不完全性の関係について概略を示した．そして，4.7 節と 7.10 節では，無矛盾性の証明不可能性について述べた．これらと異なる形の不完全性についても，少しは述べておいたほうがよいだろう．なぜなら，不完全性の段階が一段進むごとに，次のような興味深いアイデアが含まれているからである．

1. 任意の形式体系[†3]において，計算的枚挙可能だが計算可能ではない集合 D から，$n \notin D$ という形式の証明不可能な定理の存在が得られる．
   4.6 節で述べたように，その補集合 $\mathbb{N} - D$ は，数 n に関して n 番目の計算的枚挙可能集合（ここではこれを W_n とよぶ）と異なることから，計算的枚挙可能ではない．したがって，D は計算可能ではない．具体的には，$n \in D \Leftrightarrow n \in W_n$ なので $n \in \mathbb{N} - D \Leftrightarrow n \notin W_n$ である．
   しかし，形式体系では，定義によって，定理の集合は計算的枚挙可能である．したがって，$n \notin D$ という形式の定理を計算的に枚挙できる．$\mathbb{N} - D$

[†3] 訳注：ここでの形式体系とは，p.89 で述べられているように，定理を計算的に枚挙するアルゴリズムとして定義されたものである．

は計算的枚挙可能**ではない**ので，（これらの定理が正しいとすると）$n \notin D$ という形式の真な文の中には，これらの定理に含まれないものもある．

2. 私たちの形式体系 $\mathcal{F}$ が無矛盾であり，$\mathcal{F}$ によって「$n \notin W_n$」が証明されるような n の集合が計算的枚挙可能集合 W_m だと仮定する．また，$\mathcal{F}$ は，$n \in W_n$ が真であれば，必ず証明できるほど十分に強いと仮定してよい．なぜなら，すべての W_n を計算的に枚挙しているからである．このとき，「$m \notin W_m$」という文について何がいえるだろうか．
   $\mathcal{F}$ が「$m \notin W_m$」を証明するならば，W_m の定義によって $m \in W_m$ である．しかし，$\mathcal{F}$ はこのような真な文をすべて証明できると仮定しているので，$\mathcal{F}$ は「$m \in W_m$」も証明し，これは無矛盾性に反する．したがって，$\mathcal{F}$ は「$m \notin W_m$」を証明**しない**．これは，またしても W_m の定義によって，$m \notin W_m$ であることを意味する．このように，「$m \notin W_m$」は $\mathcal{F}$ が証明できない**具体的な真な文**であることがわかる．
   「$m \notin W_m$」という文は，実質的に「私は証明可能ではない」といっていることに注意しよう．なぜなら，$m \notin W_m$ は，W_m の定義によって，「$m \notin W_m$」が証明可能ではないことを意味するからである．
3. **PA が無矛盾であると仮定する**．このとき，計算の算術化によって，PA の特定の文で，$m \notin W_m$ と同値であり，その結果として証明不可能なものを見つけることができる．PA における形式的演繹を算術化すると，PA の言語での文 Con(PA) によって，PA の無矛盾性を表現できる．
4. 2. は「Con(PA)$\Rightarrow m \notin W_m$」を示しており，3. はその証明が PA の中で行えることを示している．このことから，Con(PA) は PA の中で証明できないことが導かれる．そうでなければ，モデュスポネンスによって「$m \notin W_m$」の証明が得られてしまうが，PA には「$m \notin W_m$」の証明がないことがわかっているからである．このように，PA が無矛盾であっても，**それ自体の無矛盾性は証明できない**．そして，同じような論法を使えば，PA を含むような任意の無矛盾な体系も，それ自体の無矛盾性が証明できないことがわかる[†4]．

[†4] さらに，この論法は，RCA_0 や WKL_0 のように，計算が表現可能であるようなある種の弱い体系にも適用できる．これが，7.10 節において，WKL_0 は $\mathrm{Con}(\mathrm{WKL}_0)$ を証明できないと述べた理由である．

このような見事な思考の連鎖は，緻密な数学ならではのものである．1. と 2. は，1920 年代にポストが見つけ，論文 [66] で彼自身が総括したものに似ている．3. と 4. は，実質的にゲーデルの第 1 および第 2 不完全性定理である [37]．ただし，ゲーデルは，「私は証明可能ではない」と述べる文を直接構成することによって，3. とは異なる第 1 不完全性定理を見つけた．興味深いことに，彼は，先に数学の高階体系に対する不完全性を証明した．なぜなら，当時は計算が算術化できることが知られていなかったからである．ワンによれば，ゲーデルは，フォン・ノイマンがきっかけとなって算術化にとりかかった [92]．

> 1930 年 9 月 (⋯)，ゲーデルは自身の研究結果を発表した (⋯)．フォン・ノイマンはその結果に夢中になり，ゲーデルを議論に誘った．議論の中で，フォン・ノイマンは，決定不能な数論的命題も構成できるかとゲーデルに尋ね (⋯)，自分としては構成できると思っていることを伝えた．(⋯) すると，ゲーデルはそのすぐあとに，その決定不能な命題を，（自然数に関する）量化子を前に置いた多項式の形式に書き換えることに成功した．これには，ゲーデル自身も驚きを隠せなかった．

第 2 不完全性定理の功績はフォン・ノイマンにも与えられる．なぜなら，ゲーデルがその結果を発表する前に，フォン・ノイマンはゲーデルへの手紙で無矛盾性の証明不可能性を指摘していたからである [91]．二つの不完全性定理は，論理学における素晴らしい偉業である．しかし，いままでに見つかった証明不可能な文の中で本質的に興味深いのは Con(PA) だけで，しかもその興味というのも，主として論理学者にとっての興味である．実際，いままでに知られている PA の証明不可能な文は，すべて論理学者が考案したものである．「普通」の数学にもっとも近そうなものといえば，6.6 節で述べたパリス－ハーリントンの定理である．

RCA_0 には，興味深い不完全性がある．たとえば，RCA_0 は，単調収束定理などの通常の数学的な文を証明できない．そして，論理的に不自然な操作を一切しなくても，計算的枚挙可能で計算可能でない集合から，その証明不可能性が**直接**得られる．逆数学では，PA 以外の体系における証明不可能性を示すことによって，よく知られた定理が，（ある人たちにとっては）自然と思われる公理系から証明可能でないことがわかるのである．

8.4　計算可能性

決定不能性次数

4.3 節では，順序づけられた計算可能部分関数 $\Phi_1, \Phi_2, \Phi_3, \ldots$ を導入し，計算的枚挙可能集合は計算可能部分関数の定義域であると述べた．ここでは，Φ_n の定義域を W_n と表記する．したがって，$W_1, W_2, W_3, \ldots$ は，計算的枚挙可能集合をすべて枚挙したものである．$\Phi_n(m)$ は，変数として m と n をもつ計算可能部分関数なので，（P を 2.4 節で導入した対関数とするとき）集合 $K = \{P(m,n) \,|\, m \in W_n\}$ は計算的枚挙可能であり，列 $W_1, W_2, W_3, \ldots$ を符号化する．この K を**万能**計算的枚挙可能集合とよぶ．

ポストは，実質的にこれと同じ集合を導入することで，任意の計算的枚挙可能集合に対する**所属問題**が，K に対する所属問題として，$m \in W_n$ かどうかを判定するために $P(m,n)$ を計算して $P(m,n) \in K$ かどうかを考えることに「還元可能」であると述べた [66]．このことから，K に対する所属問題は**決定不能**であることが導かれる．なぜなら，4.3 節で定義した集合 D のように，決定不能な所属問題をもつ特定の W_m が存在することが知られているからである．

より一般に，「$m \in B$ かどうか」という形式の問いすべてに対する答えが与えられているとき，それぞれの「$n \in A$ かどうか」という問いに正しく答えるアルゴリズムを用いて，集合 $A \subseteq \mathbb{N}$ を集合 $B \subseteq \mathbb{N}$ に「還元」できることがある．ポストはこの還元可能性を**チューリング還元可能性**とよんだ．なぜなら，この概念はチューリングが導入したも同然だからである [86]．ここで，チューリング還元可能性を $\leq_T$ と表記すると，D が K に還元可能であることを $D \leq_T K$ と書ける．（自明ではないが）$K \leq_T D$ でもあるので，この場合には D と K は**チューリング次数**が等しい，あるいは，**決定不能性次数**が等しいという．

ここまでの議論で，二つの決定不能性次数が存在することがわかった．すべての計算可能集合は同じ（自明な）チューリング次数をもつ．その次数を $\mathbf{0}$ と表記する．そして，K と D のチューリング次数は，どこにあるかわからないが，$\mathbf{0}$ よりも大きい．これを $\mathbf{0}$ の**チューリングジャンプ**とよび，$\mathbf{0}'$ と表記する．$\mathbf{0}$ と $\mathbf{0}'$ の間にほかのチューリング次数があることを示すのはかなり難しいが，$\mathbf{0}'$ よりも大きいチューリング次数は，チューリングジャンプを繰り返せば簡単に見つかる．

アルゴリズムに「$m \in X$ かどうか」という形式のすべての問いに対する答えを与えることで，このチューリングジャンプを任意の集合 $X \subseteq \mathbb{N}$ に適用する．ここから，X **に属する計算的枚挙可能**な集合 $W_1^X, W_2^X, W_3^X, \ldots$ と，極大チューリング次数をもつ $K^X = \{P(m,n) \mid m \in W_n^X\}$ が得られる．K^X のチューリング次数は，次数 X のチューリングジャンプとよばれる．とくに，$X = K$ の場合，K^X のチューリング次数は，$\mathbf{0}$ からチューリングジャンプを 2 回行った $\mathbf{0}''$ になる．この構成法を繰り返すことによって，チューリング次数の無限上昇列 $\mathbf{0} <_T \mathbf{0}' <_T \mathbf{0}'' <_T \mathbf{0}''' <_T \cdots$ が得られる[†5]．

算術的定義可能集合

第 5 章で証明したように，計算的枚挙可能集合は Σ_1^0 集合と一致することがわかっている．したがって，前節の結果から，Σ_1^0 集合はそれぞれチューリング次数 $\leq_T \mathbf{0}'$ をもつことが導かれる．チューリング次数が $\leq_T \mathbf{0}'$ であるような集合はすべて Σ_1^0 集合になるというわけではないが，Σ_1^0 集合 K に相当する計算概念の算術化によって，すべて Σ_2^0 であることが証明できる．

より一般に，任意の Σ_n^0 集合のチューリング次数は $\leq_T \mathbf{0}^{(n)}$（$\mathbf{0}$ から n 回のジャンプ）であること，チューリング次数が $\leq_T \mathbf{0}^{(n)}$ の任意の集合は Σ_{n+1}^0 であることが証明できる．したがって，**算術的に定義可能な集合は，ある n に対して $\leq_T \mathbf{0}^{(n)}$ であるようなチューリング次数をもつ集合に一致する**．また，$\mathbf{0}^{(n)}$ は Σ_n^0 集合の最大のチューリング次数である．したがって，集合の「算術的複雑さ」（集合の定義に現れる量化子の個数）は，その「計算論的複雑さ」（ジャンプの回数）に比例する．計算可能性と算術的定義可能集合との関係についての古典的な説明は，ロジャースの本 [70] にある．

低次数

算術的複雑性と計算論的複雑性は比例するので，計算論的複雑さを使って算術的複雑さを上から抑えられる．WKL_0 が ACA_0 よりも弱いことを示すには，

[†5] 訳注：すべての次数が線形に並ぶわけではないことに注意する．

この方法を使って WKL_0 のモデルの複雑さを上から抑えるのが効果的である．

この複雑さを調べる計算論的概念として，**低次数**というものがある．低次数とは，ジャンプすると $\mathbf{0}'$ となるようなチューリング次数のことである．計算可能性理論によると，**低次数の無限木は，無限に長い低次数の道をもつ**．（証明はシンプソンの本 [77] を参照のこと．）したがって，$\mathbb{N}$ の低次数の部分集合のある族は弱ケーニヒの補題を満たし，その結果 WKL_0 のモデルになる．

しかし，この部分集合の族には，すべての算術的に定義可能な集合が含まれるわけでは**ない**．（実際には，Σ^0_2 集合しか含まれていない．）したがって，ACA_0 の**モデルではない**．これが，ACA_0 は WKL_0 よりも強いという 7.10 節での主張を完全に説明している．

実際には，7.10 節で述べた二つの証明はいずれも，低次数の集合に置き換えることができる．その一方の証明は，いまここで述べたとおりである．ある低次数の集合は WKL_0 のモデルにはなるが，ACA_0 のモデルにはならない．なぜなら，低次数の集合には，すべての算術的に定義可能な集合が含まれるわけではないからである．もう一方の証明では，計算の算術化によって，ACA_0 の中でこの低次数の集合族を定義する．したがって，ACA_0 は WKL_0 のモデルをつくることができる．その結果，WKL_0 の無矛盾性が証明できる[†6]．ゲーデルの第 2 不完全性定理によって，WKL_0 そのものは WKL_0 の無矛盾性を証明できないので，ACA_0 は WKL_0 よりも強い．

8.5　集合論

本書で論じた解析学の先に，集合論の中でもとくに選択公理にかかわりの強い分野がある．測度論がその一例である．測度論は，ある程度であれば，WKL_0 のような弱い体系，あるいは，弱ケーニヒの補題よりも弱い集合存在公理に基づいた WWKL_0 とよばれる体系で展開できる．しかし，**$\mathbb{R}$ のどの部分集合が可測か**という測度論の基本的問題には，「五大体系」ですら太刀打ちできない．この問題を解くには，それ以上の公理系や AC が必要になる．

たとえば，非可測集合の存在は AC から導けるが，非可測集合の性質は ZF においては証明可能でない別の公理を使わないと導けない．ZF 単独では，$\mathbb{R}$ の

[†6] 訳注：p.168 の訳注と同様の問題がある．

すべての部分集合が可測であることと無矛盾である一方で，弱い選択公理も成り立つ．測度論と集合論の複雑な関係を知りたければ，拙著 [84] を参照のこと．

代数学において，ある対象が存在するかどうかは選択公理によって決まる．環，体，ベクトル空間のような構造は，本質的に任意の集合を考えるのと同じくらい「恣意的」に考えることができる．したがって，これらの構造に付加された

- 環の極大イデアル
- 体の代数的閉包
- ベクトル空間の基底

といった対象は，一般に明示的に定義されることはなく，ある種の選択公理によって「成立している」にすぎない．代数学者は，よく**ツォルンの補題**とよばれる AC と同値で汎用的な命題を用いる．このツォルンの補題は，「包含関係によって部分順序が定義された集合の族には極大な要素がある」というものである．

たとえば，ベクトル空間における独立な集合の族の中で，極大な要素は基底である．1.5 節ですでに述べたように，基底の存在は AC と同値である．極大イデアルや代数的閉包の存在は ZF で証明できないが，代数的閉包の存在を証明するには AC よりも弱い選択公理で十分である．たとえば，アビヤンカールの本 [2] には，前述の三つの結果に対してツォルンの補題を用いた証明がある．

考える対象が**可算**な代数的構造だけであれば，それらは定義によって整列集合なので，AC は必要ない．むしろ構造を自然数の集合で符号化したときに，逆数学が顔をのぞかせる．実際，極大構造の存在は，RCA_0, WKL_0, ACA_0 と密接に関連する．

- 可算な可換環の極大イデアルの存在は，ACA_0 と同値である．
- 可算な体の代数的閉包の存在は，RCA_0 で証明可能である．
- 可算な体の代数的閉包の一意性は，WKL_0 と同値である．
- $\mathbb{Q}$ 上の可算なベクトル空間の基底の存在は，ACA_0 と同値である．

これらの定理はフリードマンらによるもの [34] で，その証明はシンプソンの本 [77] にある．フリードマンらは，RCA_0 上では，解析学と可算代数学の定理の間に驚くべき同値性があることを明らかにした．たとえば，コーシーの収束判

定条件は，可算な環の極大イデアルの存在と同値である．

初等解析学における選択公理

すでに述べたように，ZF 単独では，実数の非可測集合の存在などのような解析学の高度な問題には答えられない．初等解析学においては，ZF の能力をすべて使わなくてもよい．実際，ACA_0 は，基本的な定理だけでなく，リーマンの写像定理などのきわめて高度な定理でも証明してしまえるくらいに十分強いことがわかっている．しかし，ACA_0 を使うためには，その基本的な定理を適切に定式化しなければならない．とくに，ボルツァーノ－ワイエルシュトラスの定理やハイネ－ボレルの定理などの定理において，実数や実区間の任意の集合に触れないようにしなければならない．

ボルツァーノ－ワイエルシュトラスは何冊もの教科書に登場する．そのもっとも強い定式化は，**有界な実数の無限集合は収束する部分列を含む**，というものである．ボルツァーノ－ワイエルシュトラスのこの定式化は，ZF でも証明できない．なぜなら，ZF では，実数の無限集合 S が無限列 $s_1, s_2, s_3, \ldots$ を含むことを証明できないからである．この主張を証明するには，要素を $s_1 \in S$, $s_2 \in S - \{s_1\}$, $s_3 \in S - \{s_1, s_2\}$ と選んでいけばよい．S は無限集合であるから，この手順によって S に含まれる無限列 $s_1, s_2, s_3, \ldots$ が得られる．**しかし，**これは**選択**を無限回繰り返しているので，結果として AC を使っている．コーエンは，有界な実数の無限集合で，無限列を**含まない**ようなものをもつ ZF のモデルを構成してみせた [20]．したがって，**ボルツァーノ－ワイエルシュトラスのこの強い定式化は，ZF では証明可能ではない．**

この ZF のモデルを使って，$x = a$ において「数列として連続」だが連続でない例を構成できる．ここで，関数 f がある点 $x = a$ において「数列として連続」とは，連続ではないが，a を極限にもつ数列 a_n に対して，数列 $f(a_n)$ も $f(a)$ を極限にもつという意味である．AC のもとでは，ある点における数列としての連続性は，ある点における実際の連続性と同値である．したがって，アボット [1] のような解析学の教科書の中にはこの同値性を仮定しているものもあるが，**この同値性は ZF では証明可能ではない．**

8.6 「深さ」の概念

数学者は，何らかの意味で基本的であったり，示唆的であったり，証明が難しかったりするような定理を「深い」とよぶことがある．深い定理には，数学者が何世代にもわたって成果を積み重ねることで，初めて証明できるものもある．そして，証明できた時点で，ほかの多くの定理の根底にあるものだと認識される．近年の例としては，素数定理，有限単純群の分類，7.10 節で述べたグラフマイナー定理がある．

数学のもっとも深い定理を理解できる人はほとんどいない．したがって，その定理が深い理由を正確に述べることはおそらくできないだろう．もっと現実的なゴールは，もう少しとっつきやすい定理の「相対的な深さ」を調べることである．どのような条件のもとで，定理 A は定理 B「より深い」といってよいのだろうか．

本書の読者ならば思い浮かんでいるだろうが，深さを調べる一つの方法は，定理 B を証明できるが定理 A は証明できない自然な公理系を見つけることである．この判定基準を用いると，本書で検討した公理系によって，多くの定理を相対的な深さの順に並べられる．その例として，次のようなものがある．

- 平行線の公理は，ユークリッドの基礎的公理で証明される定理よりも深い．
- AC は，ZF で証明される定理よりも深い．
- 極値定理は，中間値の定理よりも深い．
- 数列に対するボルツァーノ－ワイエルシュトラスの定理は，区間列に対するハイネ－ボレルの定理よりも深い．
- リーマンの写像定理は，ジョルダンの閉曲線定理よりも深い．

これらの例はすべて，証明が難しいだけでなく，ほかの多くの定理の根底にあるという意味で，**根源的**な定理であることがわかる．このようにして，逆数学は，新しい数学的概念の位置づけを正確に示すことができる．「深さ」は，それを表しているのである．

しかしながら，逆数学がこれまでに明らかにしてきたのは，実数や $\mathbb{N}$ の部分集合など無限の対象についての定理だけにある「深さ」の兆候であったことは認めなければならない．自然数についての定理に関してはほとんど進展がない．

定理 A が定理 B「よりも深い」ということができるのは，PA において定理 B が証明可能であり，定理 A が証明可能ではない例だけである．そのような例はあまり知られていない．（7.10 節を参照のこと．）そして，その例には，数論学者が本当に深いと考える素数定理などの定理は含まれていない．

6.8 節で述べたように，かつては，数論における「初等的」手法と本質的に解析学を含む手法には違いがあると考えられていた．1949 年に素数定理の初等的証明が見つかったとき，この考え方は消滅した．そして，6.8 節で見たように，逆数学は，解析学，少なくとも ACA_0 で使われるような解析学が数論においては不必要であることを裏づけている．

それでも，「初等的」手法と「解析的」手法の区別があるべきだと感じている者もいる．その境界線を見つけることは，今後の逆数学の課題だろう．

参考文献

[1] Stephen Abbott. *Understanding Analysis*. Undergraduate Texts in Mathematics. Springer, New York, second edition, 2015.

[2] S. S. Abhyankar. *Lectures on Algebra. Vol. I.* World Scientific Publishing Co. Pte. Ltd., Hackensack, NJ, 2006.

[3] Eugenio Beltrami. Teoria fondamentale degli spazii di curvatura costante. *Annali di Matematica Pura ed Applicata, ser. 2,*, 2:232–255, 1868. In his **Opere Matematiche** 1: 406–429, English translation in [82].

[4] Andreas Blass. Existence of bases implies the axiom of choice. In *Axiomatic Set Theory (Boulder, Colorado, 1983)*, volume 31 of *Contemporary Mathematics*, pages 31–33. American Mathematical Society, Providence, RI, 1984.

[5] Farkas Bolyai. *Tentamen juventutem studiosam in elementa matheseos purae, elementaris ac sublimioris, methodo intuitiva, evidentiaque huic propria, introducendi*. Marosvásárhely, 1832.

[6] Bernard Bolzano. *Rein analytischer Beweis des Lehrsatzes dass zwischen je zwey Werthen, die ein entgegengesetzes Resultat gewähren, wenigstens eine reelle Wurzel der Gleichung liege*. 1817. Ostwald's Klassiker, vol. 153. Engelmann, Leipzig, 1905. English translation in [71], 251–277.

[7] Émile Borel. *Leçons sur la théorie des fonctions*. Gauthier-Villars, Paris, 1898.

[8] Robert E. Bradley and C. Edward Sandifer. *Cauchy's Cours d'analyse*. Sources and Studies in the History of Mathematics and Physical Sciences. Springer, New York, 2009.

[9] L. E. J. Brouwer. Beweis der Invarianz des n-dimensionalen Gebiets. *Mathematische Annalen*, 71:305–315, 1912.

[10] L. E. J. Brouwer. Über Abbildungen von Mannigfaltigkeiten. *Mathematische Annalen*, 71:97–115, 1912.

[11] Georg Cantor. Über eine Eigenschaft des Inbegriffes aller reellen algebraischen Zahlen. *Journal für reine und angewandte Mathematik*, 77:258–262, 1874. In his **Gesammelte Abhandlungen**, 145–148. English translation by W. Ewald in [28], Vol. II, 840–843.

[12] Georg Cantor. Über unendliche, lineare Punktmannigfaltigkeiten. *Mathematische Annalen*, 21:545–591, 1883. English translation by William Ewald in [28], volume II, pp. 881–920.

[13] Georg Cantor. Über eine elementare Frage der Mannigfaltigkeitslehre. *Jahresbericht deutschen Mathematiker-Vereinigung*, 1:75–78, 1891. English translation by W. Ewald in [28], Vol. II, 920–922. 〔邦訳：村田全訳「集合論の一つの基本的問題について」,

功力金二郎・村田全訳・解説『カントル 超限集合論』付録 II，共立出版，1979〕

[14] Georg Cantor. Beiträge zur Begründung der transfiniten Mengenlehre. *Mathematische Annalen*, 46(4):481–512, 1895. English translation by P. E. B. Jourdain in [15].〔邦訳：功力金二郎訳「超限集合論の基礎に対する寄与」，功力金二郎・村田全訳・解説『カントル 超限集合論』共立出版，1979〕

[15] Georg Cantor. *Contributions to the founding of the theory of transfinite numbers.* Dover Publications, Inc., New York, N. Y., 1952. Translated, and provided with an introduction and notes, by Philip E. B. Jourdain.

[16] Augustin-Louis Cauchy. *Cours d'Analyse.* Chez Debure Frères, 1821. Annotated English translation in [8].

[17] Alonzo Church. A note on the Entscheidungsproblem. *Journal of Symbolic Logic*, 1:40–41, 1936.

[18] Alonzo Church. An unsolvable problem in elementary number theory. *American Journal of Mathematics*, 58:345–363, 1936.

[19] Paul Cohen. The independence of the continuum hypothesis I, II. *Proceedings of the National Academy of Sciences*, 50, 51:1143–1148, 105–110, 1963.

[20] Paul J. Cohen. *Set Theory and the Continuum Hypothesis.* W. A. Benjamin, Inc., New York-Amsterdam, 1966.〔邦訳：近藤基吉・坂井秀寿・沢口昭聿訳『連続体仮説』，東京図書，1990〕

[21] Martin Davis, editor. *The Undecidable.* Dover Publications Inc., Mineola, NY, 2004. Corrected reprint of the 1965 original [Raven Press, Hewlett, NY].

[22] John W. Dawson, Jr. *Why Prove it Again?* Springer, Cham, 2015. Alternative proofs in mathematical practice. With the assistance of Bruce S. Babcock and with a chapter by Steven H. Weintraub.

[23] Richard Dedekind. *Stetigkeit und irrationale Zahlen.* Vieweg und Sohn, Braunschweig, 1872. English translation in: **Essays on the Theory of Numbers**, Dover, New York, 1963.〔邦訳：渕野昌訳・解説『数とは何かそして何であるべきか』，筑摩書房，2013. 河野伊三郎訳『数について：連続性と数の本質』，岩波書店，1961〕

[24] Rene Descartes. *The geometry of René Descartes. (With a facsimile of the first edition, 1637.).* Dover Publications Inc., New York, NY, 1637. Translated by David Eugene Smith and Marcia L. Latham, 1954.〔邦訳：原亨吉訳『幾何学』，筑摩書房，2013〕.

[25] Reinhard Diestel. *Graph Theory*, volume 173 of *Graduate Texts in Mathematics.* Springer, Heidelberg, fourth edition, 2010.〔邦訳（原書第 2 版）：根上生也，太田克弘訳『グラフ理論』，丸善出版，2012〕

[26] David Ellerman. On Double-Entry Bookkeeping: The Mathematical Treatment. *Accounting Education*, 23(5):483–501, 2014.

[27] P. Erdös. On a new method in elementary number theory which leads to an elementary proof of the prime number theorem. *Proceedings of the National Academy of Sciences U. S. A.*, 35:374–384, 1949.

[28] William Ewald. *From Kant to Hilbert: A Source Book in the Foundations of Mathematics. Vol. I, II.* The Clarendon Press, Oxford University Press, New York, 1996.

[29] A. Fraenkel. Zu den Grundlagen der Cantor-Zermeloschen Mengenlehre. *Mathematische Annalen*, 86:230–237, 1922.

[30] Gottlob Frege. *Begriffschrift*. 1879. English translation in [90], pp. 5–82.

[31] Harvey Friedman. Some systems of second order arithmetic and their use. In *Proceedings of the International Congress of Mathematicians (Vancouver, B. C., 1974), Vol. 1*, pages 235–242. Canadian Mathematical Congress, Montreal, Quebec, 1975.

[32] Harvey Friedman. Systems of second order arithmetic with restricted induction I, II. *Journal of Symbolic Logic*, 41:557–559, 1976.

[33] Harvey Friedman, Neil Robertson, and Paul Seymour. The metamathematics of the graph minor theorem. In *Logic and Combinatorics*, pages 229–261. American Mathematical Society, 1987.

[34] Harvey M. Friedman, Stephen G. Simpson, and Rick L. Smith. Countable algebra and set existence axioms. *Annals of Pure and Applied Logic*, 25(2):141–181, 1983.

[35] Carl Friedrich Gauss. Demonstratio nova altera theorematis omnem functionem algebraicum rationalem integram unius variabilis in factores reales primi vel secundi gradus resolvi posse. *Commentationes societas regiae scientiarum Gottingensis recentiores*, 3:107–142, 1816. In his **Werke** 3: 31–56.

[36] K. Gödel. Die Vollständigkeit der Axiome des logischen Funktionenkalküls. *Monatshefte für Mathematik und Physik*, 37:349–360, 1930.

[37] Kurt Gödel. Über formal unentscheidbare Sätze der Principia Mathematica und verwandter Systeme. I. *Monatshefte für Mathematik und Physik*, 38:173–198, 1931. English translation in [90], 596–616.〔邦訳：林晋・八杉満利子訳・解説『不完全性定理』岩波書店，2006．また，田中一之『ゲーデルに挑む：証明不可能なことの証明』東京大学出版会，2012 にもゲーデル公認の英語改訂版 [90] からの全訳および解説がある〕

[38] Kurt Gödel. *Collected Works. Vol. V. Correspondence H–Z*. The Clarendon Press, Oxford University Press, Oxford, 2014. Edited by Solomon Feferman, John W. Dawson, Jr., Warren Goldfarb, Charles Parsons and Wilfried Sieg, Paperback edition of the 2003 original.

[39] Hermann Grassmann. *Die lineale Ausdehnungslehre*. Otto Wiegand, Leipzig, 1844. English translation in [42], pp. 1–312.

[40] Hermann Grassmann. *Geometrische Analyse geknüpft an die von Leibniz gefundene Geometrische Charakteristik*. Weidmann'sche Buchhandlung, Leipzig, 1847. English translation in [42], pp. 313–414.

[41] Hermann Grassmann. *Lehrbuch der Arithmetic*. Enslin, Berlin, 1861.

[42] Hermann Grassmann. *A New Branch of Mathematics*. Open Court Publishing Co., Chicago, IL, 1995. The **Ausdehnungslehre** of 1844 and other works, Translated from the German and with a note by Lloyd C. Kannenberg. With a foreword by Albert C. Lewis.

[43] Georg Hamel. Eine Basis aller Zahlen und die unstetigen Lösungen der Funktionalgleichung $f(x+y) = f(x) + f(y)$. *Mathematische Annalen*, 60:459–462, 1905.

[44] William Rowan Hamilton. Theory of conjugate functions, or algebraic couples. 1835.

Communicated to the Royal Irish Academy, 1 June 1835. In his **Mathematical Papers** 3: 76–96.

[45] G. H. Hardy and H. Heilbron. Edmund Landau. *Journal of the London Mathematical Society*, 13, 1938.

[46] Felix Hausdorff. *Grundzüge der Mengenlehre.* Veit and Comp., 1914.

[47] Thomas L. Heath. *The Thirteen Books of Euclid's Elements translated from the text of Heiberg. Vol. I: Introduction and Books I, II. Vol. II: Books III–IX. Vol. III: Books X–XIII and Appendix.* Dover Publications Inc., New York, 1956. Translated with introduction and commentary by Thomas L. Heath, 2nd ed.

[48] David Hilbert. *Grundlagen der Geometrie.* Teubner, Leipzig, 1899. English translation: **Foundations of Geometry,** Open Court, Chicago, 1971.〔邦訳：中村幸四郎訳『幾何学基礎論』, 筑摩書房, 2005. 寺阪英孝・大西正男訳・解説『ヒルベルト 幾何学の基礎 クライン エルランゲン・プログラム』, 共立出版, 1970〕

[49] David Hilbert. Mathematical problems. *Bulletin of the American Mathematical Society*, 8:437–479, 1902. Translated by Frances Winston Newson.〔邦訳：一松信訳・解説『ヒルベルト 数学の問題 増補版』, 共立出版, 1972〕

[50] Denis R. Hirschfeldt. *Slicing the Truth*, volume 28 of *Lecture Notes Series. Institute for Mathematical Sciences. National University of Singapore.* World Scientific Publishing Co. Pte. Ltd., Hackensack, NJ, 2015. On the computable and reverse mathematics of combinatorial principles. Edited and with a foreword by Chitat Chong, Qi Feng, Theodore A. Slaman, W. Hugh Woodin and Yue Yang.

[51] Yoshihiro Horihata and Keita Yokoyama. Nonstandard second-order arithmetic and Riemann's mapping theorem. *Annals of Pure and Applied Logic*, 165(2):520–551, 2014.

[52] Dénes Kőnig. Über eine Schlussweise aus dem Endlichen ins Unendliche. *Acta Litterarum ac Scientiarum Regiae Universitatis Hungaricae Francisco-Josephinae, sectio scientiarum mathematicarum*, 3:121–130, 1927.

[53] J. B. Kruskal. Well-quasi-ordering, the Tree Theorem, and Vazsonyi's conjecture. *Transactions of the American Mathematical Society*, 95:210–225, 1960.

[54] J. H. Lambert. Die Theorie der Parallellinien. *Magazin für reine und angewandte Mathematik (1786)*, pages 137–164, 325–358, 1766.

[55] Yu. V. Matijasevič. Diophantine representation of recursively enumerable predicates. In *Actes du Congrès International des Mathématiciens (Nice, 1970), Tome 1*, pages 235–238. Gauthier-Villars, Paris, 1971.

[56] Hermann Minkowski. Raum und Zeit. *Jahresbericht der Deutschen Mathematiker-Vereinigung*, 17:75–88, 1908.

[57] Luca Pacioli. *Ancient Double-Entry Bookkeeping. Lucas Pacioli's Treatise.* John B. Geijsbeek, Denver, CO, 1914, 1494. Accounting section of Pacioli's **Summa de Arithmetica** of 1494, translated by John B. Geijsbeek.

[58] J. Paris and L. Harrington. A mathematical incompleteness in Peano arithmetic. 1977. In **Handbook of Mathematical Logic**, ed. J. Barwise, North-Holland, Amsterdam.

[59] Giuseppe Peano. *Calcolo Geometrico secondo l'Ausdehnungslehre di H. Grassmann, preceduto dalle operazioni della logica deduttiva.* Bocca, Turin, 1888. English translation in [61].

[60] Giuseppe Peano. *Arithmetices principia.* Bocca, Torino, 1889.

[61] Giuseppe Peano. *Geometric Calculus.* Birkhäuser Boston, Inc., Boston, MA, 2000. According to the **Ausdehnungslehre** of H. Grassmann, Translated from the Italian by Lloyd C. Kannenberg.

[62] Henri Poincaré. Du Role de l'Intuition et de la Logique en Mathématiques. In *Compte rendu du deuxième Congrès international des mathématiciens, tenu à Paris du 6 au 12 aout 1900*, pages 115–130. Gauthier-Villars, 1902.

[63] George Pólya and Rudolf Fueter. Rationale Abzählung der Gitterpunkte. *Vierteljahrschrifft der Naturforschende Gesellschaft in Zürich*, 58, 1923.

[64] Emil L. Post. Finite combinatory processes – formulation 1. *Journal of Symbolic Logic*, 1:103–105, 1936.

[65] Emil L. Post. Absolutely unsolvable problems and relatively undecidable propositions – an account of an anticipation. 1941. In [21], pp. 338–433.

[66] Emil L. Post. Recursively enumerable sets of positive integers and their decision problems. *Bulletin of the American Mathematical Society*, 50:284–316, 1944.

[67] Emil L. Post. Recursive unsolvability of a problem of Thue. *Journal of Symbolic Logic*, 12:1–11, 1947.

[68] Frank P. Ramsey. On a problem of formal logic. *Proceedings of the London Mathematical Society*, 30:264–286, 1930.

[69] Neil Robertson and P. D. Seymour. Graph minors. XX. Wagner's conjecture. *Journal of Combinatorial Theory Series B*, 92(2):325–357, 2004.

[70] Hartley Rogers, Jr. *Theory of Recursive Functions and Effective Computability.* McGraw-Hill Book Co., New York-Toronto, Ont.-London, 1967.

[71] Steve Russ. *The Mathematical Works of Bernard Bolzano.* Oxford University Press, Oxford, 2004.

[72] Gerolamo Saccheri. *Euclid Vindicated from Every Blemish.* Classic Texts in the Sciences. Birkhäuser/Springer, Cham, 2014, 1733. Dual Latin-English text, edited and annotated by Vincenzo De Risi. Translated from the Italian by G. B. Halsted and L. Allegri.

[73] Nobuyuki Sakamoto and Keita Yokoyama. The Jordan curve theorem and the Schönflies theorem in weak second-order arithmetic. *Archive for Mathematical Logic*, 46(5-6):465–480, 2007.

[74] Atle Selberg. An elementary proof of the prime-number theorem. *Annals of Mathematics. Second Series*, 50:305–313, 1949.

[75] Naoki Shioji and Kazuyuki Tanaka. Fixed point theory in weak second-order arithmetic. *Annals of Pure and Applied Logic*, 47(2):167–188, 1990.

[76] Wilfried Sieg. *Hilbert's Programs and Beyond.* Oxford University Press, Oxford, 2013.

[77] Stephen G. Simpson. *Subsystems of second order arithmetic.* Perspectives in Logic.

Cambridge University Press, Cambridge; Association for Symbolic Logic, Poughkeepsie, NY, second edition, 2009.

[78] H. J. S. Smith. On the integration of discontinuous functions. *Proceedings of the London Mathematical Society*, 6:140–153, 1875.

[79] Craig Smoryński. *Logical number theory. I.* Universitext. Springer-Verlag, Berlin, 1991.

[80] Raymond M. Smullyan. *Theory of Formal Systems.* Annals of Mathematics Studies, No. 47. Princeton University Press, Princeton, NJ, 1961.

[81] Sperner. Neuer Beweis für die Invarianz der Dimensionszahl und des Gebietes. *Abhandlungen aus dem mathematischen Seminar der Universität Hamburg*, 6:265–272, 1928.

[82] John Stillwell. *Sources of Hyperbolic Geometry.* American Mathematical Society, Providence, RI, 1996.

[83] John Stillwell. *Roads to Infinity.* A K Peters Ltd., Natick, MA, 2010.

[84] John Stillwell. *The Real Numbers.* Undergraduate Texts in Mathematics. Springer, Cham, 2013. An introduction to set theory and analysis.

[85] A. Thue. Probleme über Veränderungen von Zeichenreihen nach gegebenen Regeln. J. Dybvad, Kristiania, 34 pages, 1914.

[86] A. M. Turing. Systems of Logic Based on Ordinals. *Proceedings of the London Mathematical Society*, 45(1):161–228, 1939.

[87] A. M. Turing. The word problem in semi-groups with cancellation. *Annals of Mathematics (2)*, 52:491–505, 1950.

[88] A.M. Turing. On computable numbers, with an application to the Entscheidungsproblem. *Proceedings of the London Mathematical Society*, 42:230–265, 1936.

[89] Dirk van Dalen. *L. E. J. Brouwer—Topologist, Intuitionist, Philosopher.* Springer, London, 2013.

[90] Jean van Heijenoort. *From Frege to Gödel. A Source Book in Mathematical Logic, 1879–1931.* Harvard University Press, Cambridge, MA, 1967.

[91] John von Neumann. Letter to Gödel, 20 November 1930, in [38], p. 337. 1930.

[92] Hao Wang. Some facts about Kurt Gödel. *Journal of Symbolic Logic*, 46(3):653–659, 1981.

[93] Hermann Weyl. *Das Kontinuum.* Verlag von Veit and Comp., Leipzig, 1918. English translation [94].〔邦訳：田中尚夫・渕野昌訳・注釈・解説『ヘルマン・ヴァイル 連続体：解析学の基礎についての批判的研究』, 日本評論社, 2016〕

[94] Hermann Weyl. *The Continuum.* Dover Publications, Inc., New York, 1994. Translated from the German by Stephen Pollard and Thomas Bole, with a foreword by John Archibald Wheeler and an introduction by Pollard. Corrected reprint of the 1987 translation [Thomas Jefferson Univ. Press, Kirksville, MO].

[95] A. N. Whitehead and B. Russell. *Principia Mathematica.* Cambridge University Press, Cambridge, 1910. 3 vols. 1910, 1912, 1913.〔邦訳（Preface と Introduction のみ）：岡本賢吾・戸田山和久・加地大介訳『プリンキピア・マテマティカ序論』, 哲学書房, 1988〕

[96] Ernst Zermelo. Beweis dass jede Menge wohlgeordnet werden kann. *Mathematische*

Annalen, 59:514–516, 1904. English translation in [90], pp. 139–141.

[97] Ernst Zermelo. Untersuchungen über die Grundlagen der Mengenlehre I. *Mathematische Annalen*, 65:261–281, 1908. English translation in [90], pp. 200–215.

監訳者解説

はじめに

本書は，数学についての精力的な執筆活動を長年続けているジョン・スティルウェル教授による待望の新刊 *Reverse Mathematics: Proofs from the Inside Out* (Princeton University Press, 2018) の全訳である．

「逆数学 (reverse mathematics)」は，数学の証明において明示的あるいは暗黙に用いられている集合存在公理や論理的諸原理を探査し，その必要性を検証することを目的とした現代数学基礎論の研究プログラムである．定理に対して公理の必要性を示すためには，定理から公理を導出することになるので「逆数学」とよばれている．そして，必要な公理の強さによって数学の定理を分類してみると，数学史の流れや，異なる理論間の感覚的な類似性がとらえられるというのがこのプログラムの特長である．

“Proofs from the Inside Out” という副題は秀逸なネーミングだと思う．日本語に訳しにくいので，本書の副題は意訳になっている．数学は，学ぶ立場で眺めると，公理から定理を導く証明の集積である．では，数学者は，材料の公理を加工して，定理という製品をつくり出す機械みたいなものか，といえば決してそうではないだろう．むしろ，ある定理を生み出すためにはどんな概念や仮説が必要か，あるいは，どうすればもっと少ない仮定で同じ定理が導けるかと考えていることが多いはずである．そのような数学の創造的思考は，完成した数学からは多くの場合読み取れない．では，数学の内側 (inside) を探る方法はないだろうか．この素朴な疑問に対して，内視鏡のような強力な道具を与えるのが逆数学なのである．

その誕生からすでに半世紀近い年月が経ち，逆数学は数学基礎論の大きな分野に育っている．だが，本書のような入門レベルの解説はこれまでなかった．その理由は簡単で，現代の公理論的な数学について高校以前ではほとんど習うことがないため，逆数学を説明する以前に普通の現代数学を説明しなくてはならないからである．本書は，扱う数学を実数論と解析学の基礎に絞ることによって，高校程度の数学の素養があれば理解できるようなさまざまな工夫やわかりやすい説明がなされている．その代償として厳密さが多少犠牲になり，また逆数学の研究のダイナミックさが伝わりにくくなっているかもしれない．その辺は，あとで述べる参考文献等で補っていただければ幸いである．

ここで，数学基礎論の歴史について簡単に述べておきたい．数学基礎論は，19世紀の終わりに数学の基礎づけを目的に始まったが，20世紀前半のゲーデルの不完全性定理により，その目標は原理的に閉ざされた．しかし，ゲーデルの証明とそれに続く発見は多くの新しい技術を生み出し，数学基礎論は，集合論，モデル論，証明論，計算理論などの技術論に分かれていった．そして，それらを総称して「数理論理学」あるいは「ロジック」とよばれることが多くなった．だが，20世紀の終わりが近づくと，技術を追求するだけのロジック研究に分野内外から批判の声が上がった．とくに，アメリカ数学協会やアメリカ数学会の会長を歴任したマックレーン氏の随筆『数学の健康』(1983) に始まる一連の論争（拙編 1) に所収）に刺激されて，この分野の研究者たちは数学基礎論がどうあるべきかの再考を迫られた．そんな時代の風の中で，基礎論再興の先鋒に立ったのが，MIT のサックス教授の門弟である，フリードマン，シンプソン，ハーリントンらであった．彼らの活動は逆数学のみにとどまるものではないが，新時代の基礎論の象徴である逆数学の発展への貢献はとくに著しい．

著者スティルウェルと逆数学の人たち

1942 年にオーストラリアで生まれたスティルウェル氏は，大学院で渡米し，1970 年に MIT のロジャース教授（再帰的関数論の有名な教科書の著者）のもとで博士号を取得した．その後母国のモナシュ大学で長らく教えていたが，2002 年に再び太平洋を渡り，サンフランシスコ大学の教授になった．モナシュ大学時代にはシュプリンガー社から 10 冊ほど純粋数学の教科書を出版しているが，再渡米後は専門だった数学基礎論の知識を活かして，より広い読者層に向けた啓蒙書を書いている．本書も後者の趣旨の一冊といえるだろう．

日本語に訳されたスティルウェル氏の著書には，オーストラリア時代の『数学のあゆみ〈上〉〈下〉』（朝倉書店，2005，2008）と，アメリカ時代の『不可能へのあこがれ：数学の驚くべき真実』（共立出版，2014），『初等数学論考』（共立出版，2018）がある．これらを並べてみると，どれも広い範囲の数学を射程におきながら，その視座が段々と明確になってきているように思う．そう見ると，今回スティルウェル氏が逆数学について筆を執ったのも自然な流れに感じる．

逆数学は，1970 年代半ばにフリードマンが創始し，1980 年代にシンプンソンと弟子たちが大きく発展させた．フリードマンもシンプソンも，スティルウェル氏とほぼ同時代（1960 年代後半〜70 年代前半）に MIT で学んでいるが，彼らの指導教員はロジャース教授ではなく，同じ分野のサックス教授である．とくにサックスの弟子たちが逆数学を推進したのは，再帰理論の一般化に関してサックスと交流をもっていた，証明論の権威クライゼルの影響が大きいと思う．クライゼルは謎の多い人で，ケンブリッジではヴィトゲンシュタインに師事し，アメリカに渡ってからはゲーデルと親しかった．彼は，博士号を取ったばかりの 19 歳のフリードマンを自分のいるスタンフォード大学の助教授に招いたのだが，その後仲違いし，公私に対立するようになった．余談だが，私の研究は逆数学をやや批判的に分析するものが多いので，クライゼルからは評価されて手紙のやり取りなどもあったが，実はフリードマンとはあまり交流がない．私の師匠はハーリントンだが，彼からシンプソンを紹介してもらい，学生時代から彼と交流できたお陰で，彼の本 *Subsystems of Second Order Arithmetic* [77] には，私の結果がたくさん紹介されている．

前世紀の終わりごろからは，私自身が東北大学で逆数学関係の博士論文を指導するようになった．本書に登場する坂本伸幸，横山啓太，堀畑佳宏の仕事は，彼らの博士論文にもとづく結果である．さらに付言すると，彼ら以外にも優れた博士論文を書いた学生たちはたくさんおり，新しい基礎論における日本人の研究も，世界的にかなり注目されるようになったといっていいだろう．

本書の概要と読み方

本書は 8 章で構成されているが，大観すれば，第 1 章〜第 3 章は大学初年級で習う解析学の基礎について概説，第 4 章と第 5 章は逆数学の道具となる計算理論などロジックの説明，第 6 章〜第 8 章は逆数学入門といったように，三つの部に分けられるだろう．（監訳者の便宜的な分け方に過ぎないが）各部ごとに概要と，読むうえのアドバイスを述べよう．

第 I 部　解析学の基礎

第 1 章「逆数学に至る歴史」は，現代数学においてはもはや常識となっている公理論的な議論の仕方や考え方について，さまざまな幾何を例に用いて説明してくれる．第 2 章「古典的算術化」は，かつては大学初年級の解析学の教科書には必ず書かれていた，自然数をベースにした解析学の基本概念の組み立てについて述べている．つまり，自然数のペアである分数として有理数を定義し，有理数の無限列や無限集合として実数を定義し，そして連続関数を定義していくような議論展開である．この議論を公理的に扱うために，ここではまず，自然数の公理系であるペアノ算術 PA を導入する．実数や連続関数を扱うには PA を拡大した 2 階算術が必要になるが，それについては第 6 章以降で述べる．第 3 章「古典的解析学」は，2 階算術の公理系は持ち出さないが，あとでその上で議論することを意識して，実数や連続関数についての古典的な定理を解説している．

第 II 部　ロジック

第 4 章の「計算可能性」は，再帰理論あるいは計算可能性理論についての基本を説明している．逆数学は，再帰理論研究者による再帰理論を道具とした数学基礎論であるから，この辺の知識は必須である．ちなみに最近は，再帰的関数は計算可能関数とよばれることが多いものの，両者に若干ニュアンスの違いもある．計算可能性は標準的自然数に対するメタ数学概念であるのに対して，再帰的関数は形式的概念として扱うことが多い．たとえば，算術の超準モデル上でも再帰的関数は自然に考えられるが，その上で計算可能性は何を指すのかわかりにくい．第 5 章「計算の算術化」では，計算可能性あるいは再帰性を算術の論理式で表現している．とくに，再帰的集合は Σ^0_1 でも Π^0_1 でも表せる（Δ^0_1 という）ことに注意する．

第 III 部　逆数学入門

第 6 章「算術的内包公理」では，2 階算術の公理系として，算術的内包公理の体系 ACA_0 が導入される．この体系はペアノ算術 PA の自然な拡張（保存的拡大）になっており，最初に扱う形式体系としてはなじみやすい．その反面，逆数学的な議論の筋道は見えにくくなっているかもしれない．たとえば，6.3 節で実数の完備性について議論しているが，実数の定義は次章に後回しにされている．第7章「再帰的内包公理」で，実数を縮小閉区間列で定義しているが，これは通常の逆数学の定義（収束率を伴う基本列）よりもわかりやすくてよいと思う．第8章「全体像」では，数理論理学の知識を補足し，逆数学が定理の「深さ」に対する一つの尺度を与えているという話で大団円を迎える．

やや専門的なコメント

本書は専門書ではないので，あえて厳密な表現や議論を避けているところがある．しかし，中にはそういうところが気になって，先に読み進めないという人もいると思うし，さらに専門的な本を読む場合には正確に理解しておいたほうがいいと思うので，いくつか技術的な注意点を述べておきたい．

論理式の階層について（本文 2.8 節，5.6 節）

本文 (p.51) では，有界量化子を使わずに論理式の階層を定義しているが，代わりに射影関数 P_1, P_2 が使われていることに注意されたい．P_1, P_2 は p.49 で定義されているが，これを公理の形で PA に加えた場合，体系の明瞭さが保たれることはそう自明ではないように思う．

このような関数を導入しなくても，同じ種類の量化子の並びを 1 ブロックとして，量化子ブロックの交替がいくつあるかによって論理式の階層を定義することもできる．たとえば，θ は量化子を含まないとして，

$$\forall x_1 \forall x_2 \cdots \forall x_l \, \exists y_1 \exists y_2 \cdots \exists y_m \, \forall z_1 \forall z_2 \cdots \forall z_l \, \theta$$

のような形を Π^0_3 とする．しかし，このように定義される Σ^0_1 論理式が通常の Σ^0_1 と一致するということは，ディオファンタス方程式の可解性が計算的枚挙可能性と一致するということになるから，p.53 で触れられるようにこれはヒルベルトの第 10 問題の解答にほかならず，自明からはほど遠い．

p.106 のように有界量化子を用いれば，同じ種類の量化子の並び $\exists x_1 \exists x_2 \cdots \exists x_m$ を $\exists x \exists x_1 < x \exists x_2 < x \cdots \exists x_m < x$ のようにまとめることができ，そうすると Σ^0_1 論理式の扱いは問題ないが，上の方の階層で論理式の形を整えるためには，有界量化子と（通常の）量化子の順番を入れ替える操作が必要になり，これ

にはその論理式の複雑さと同程度の帰納法（厳密には採集原理）を使うことになる．したがって，弱い帰納法をもつ体系において，論理式の階層の定義は，有界量化子のみをもつ有界論理式の前に，存在量化ブロックと全称量化ブロックが交互に何回現れるかによって定める方法が，もっともよく使われている．

2 階算術のモデルについて（本文 5.10 節，6.1 節）

2 階算術のモデルは，1 階算術部分 $(M, S, +, \cdot, 0, <)$ と 2 階部分 $M_2 \subset \mathcal{P}(M)$ で構成される．ここでは簡単に (M, M_2) と表す．M は，$0, S(0), SS(0), \ldots$ に対応する $\mathbb{N}$ と同型な部分を必ず含む．とくに $M = \mathbb{N}$ のとき，モデル $(\mathbb{N}, M_2)$ を ω モデルともいう．さらに，M_2 を $\mathbb{N}$ の計算可能な部分集合全体 Rec とした ω モデル $(\mathbb{N}, \mathrm{Rec})$ を RCA_0 の最小モデル (p.121) といい，M_2 を $\mathbb{N}$ の算術的定義可能な部分集合全体 Arith とした ω モデル $(\mathbb{N}, \mathrm{Arith})$ を ACA_0 の最小モデル (p.124) という．

WKL_0 については，最小モデルは存在しない．しかし，p.168 に書かれているように，$\mathbb{N}$ の $\Sigma^0_2 \cap \Pi^0_2$ 部分集合からなる集合 M_2 が存在して，$(\mathbb{N}, M_2)$ は WKL_0 のモデルになる．これらのことから，ACA_0 は WKL_0 の真な拡大で，WKL_0 は RCA_0 の真な拡大であることがわかる．しかし，これらによって，ACA_0 が WKL_0 の無矛盾性を含意したり，WKL_0 が RCA_0 の無矛盾性を含意したりはできない．実際，後者は正しくない．前者は正しいが，そのカギとなる事実は，Σ^0_1 帰納法の無矛盾性が，Σ^0_2 帰納法以上をもつ体系（例：PA, ACA_0）で証明できることである．2 階算術のモデルに，非 ω モデルもあることは注意しておきたい．

2 階算術のモデルと第 2 不完全性定理の関係についても，気を付けないと誤解を生じる．たとえば，任意の WKL_0 のモデル (M, M_2) には，ある $\langle A_n | n \in M \rangle \in M_2$ が存在して，$(M, \{A_n\})$ が WKL_0 のモデルになることがいえる．つまり，WKL_0 のモデルの中には WKL_0 のモデルが何重にも含まれている．しかし，外側のモデルにおいて，内側の集合が WKL_0 のモデルであるという事実が示せない．それは充足述語がうまく定義できないからであり，その理由は 1 階部分が共通だからである．

連続関数の定義について（本文 7.2 節）

本文 (p.150) の連続関数のコードの定義には，二つ疑問点がある．一般的には，f のコードを，$f((c,d)) \subseteq [a,b]$ となる有理数の 4 つ組 $\langle c,d,a,b\rangle$ の並べ上げと定義するのだが，本文の定義では値域も開区間 (a,b) にし，また 4 つ組の並べ上げを集合とみなしている．並べ上げか集合かの違いは本質的ではないのだが，定義の文面に区間列 (c_n,d_n) や (a_n,b_n) が現れるので，それらがどのように生成されるについて，もう少し説明がほしいところである．この問題はそれでよしとして，開区間 (a,b) か閉区間 $[a,b]$ かについて考える．

普通の逆数学における定義は閉区間 $[a,b]$ によるもので，それは本文の定義において有理数の対 (a,b) が閉区間 $[a,b]$ を表していると考えれば，定義の条件文などに変更は必要ない．ただ，それに続く定義域のところが変わってくる．普通の定義では，実数 x が f の定義域に属することを，

$$\forall n \exists \langle c,d,a,b\rangle \in \mathrm{code}(f)\,(c < x < d \wedge b - a < 2^{-n})$$

という算術的論理式で定める．そして，これが成り立つとき，縮小閉区間列 $[a_n,b_n]$ を再帰的につくることで，$f(x)$ の存在が示せる．

対して，本文では「実数 x は f の定義域に属する」を「区間列 (a_n,b_n) がただ一つの共通点をもつ」と定義している．縮小閉区間列に関する定理を使わずに，最初から唯一の共通点をもつ縮小開区間列があることを条件にしているのだが，これは算術的論理式では表現できない（集合量化子が必要）から，逆数学の定義としては望ましいものではないだろう．

代数学の基本定理について（本文 7.3 節，8.1 節）

代数学の基本定理 (FTA) の主張は，多項式の係数や解となる実数や複素数についての量化を用いるので，算術式では単純に表せない．したがって，多項式の次数を下げていくような論法を Σ^0_1 帰納法によって行うことは困難である．これを RCA_0 で証明するのに，すべての解を同時に近似していく方法がある．この方法を最初に考案したのはブラウワーであり，それを RCA_0 の証明として書き下したものが拙著 7) に載っている．また，超準モデルの手法を応用した別証明が，拙著 10) にある．

参考文献

本書を読んで，逆数学や数学基礎論の現状に興味をもたれた方のために，日本語参考文献を紹介する．（すべて私自身がかかわった本で恐縮であるが，それら以上に適切なものを知らない．）

まず，逆数学に至る数学基礎論の歴史を知るには次の本がよいだろう．

1) 田中一之編・監訳『数学の基礎をめぐる論争：21 世紀の数学と数学基礎論のあるべき姿を考える』シュプリンガー・フェアラーク東京，1999.
2) M. ジャキント（田中一之監訳）『確かさを求めて：数学の基礎についての哲学論考』培風館，2007.
3) 田中一之編『ゲーデルと 20 世紀の論理学（ロジック）』第 1 巻 ゲーデルの 20 世紀，第 2 巻 完全性定理とモデル理論，第 3 巻 不完全性定理と算術の体系，第 4 巻 集合論とプラトニズム，東京大学出版会，2006–2007.

逆数学を本格的に始めるためのロジックの訓練には，次のような本が役立つだろう．訳書 8) には，本文 5.3 節で導入された二値数項についての詳しい説明がある．

4) 田中一之編著『数学基礎論講義：不完全性定理とその発展』日本評論社，1997.
5) 田中一之『ゲーデルに挑む：証明不可能なことの証明』 東京大学出版会，2012.
6) T. フランセーン（田中一之訳）『ゲーデルの定理：利用と誤用の不完全ガイド』みすず書房，2011.
7) 田中一之『数の体系と超準モデル』裳華房，2002.
8) R.M. スマリヤン（田中一之監訳・川辺治之訳）『スマリヤン数理論理学講義 上・下巻』日本評論社，2017，2018.

RCA_0 における FTA の証明を扱った本 7) と，世界初の逆数学の本 9) は，ともにしばらく入手困難だったが，それらの内容を併せたうえで，大幅に改訂したものが，下記 10) として近日出版される．

9) 田中一之『逆数学と 2 階算術』河合文化教育研究所，1997.
10) 田中一之『数学基礎論序説』裳華房，2019（近刊）.

翻訳について

森北出版から本書の出版の話をいただいたとき，私は昨年スマリヤンの本の翻訳でチームを組んだ川辺治之氏のことをすぐに思い出し，今回も川辺翻訳・田中監訳という形でお引き受けすることになった．本書の内容は私と仲間たちの研究を直接扱っているため，訳文に対するよりも原文への注釈が多くなってしまったのだが，多くの修正を快く応じてくださった川辺氏，そして森北出版の担当編集者である福島崇史氏に心から感謝したい．

本書に登場する横山啓太氏と堀畑佳宏氏には内容を確認いただいたうえで，原文を修正した箇所がいくつかある．また，私の研究室の学生たち，とくに五十里大将君と鈴木悠大君には，いろいろなコメントや質問を頂き大いに役立った．最後に，日頃から私の活動を理解して応援してくださる同僚や友人，そしてこうして本書を手にとっていただいている読者諸氏にも感謝する．

逆数学に関してこのような一般向けの本が出るようになるとは，前世紀には考えられなかったことである．本書を通じて一層多くの方々と新しい数学基礎論の意義と面白さを分かち合うことできれば，監訳者としてこれほど幸せなことはない．

2019 年 1 月

田中一之

索　引

あ行

か行

さ行

た行

な行

は行

ま行

や行

ら行

わ行

原著者略歴

ジョン・スティルウェル（John Stillwell）

サンフランシスコ大学教授．19 世紀と 20 世紀の数学の歴史，数論，幾何学，代数学，トポロジー，数学基礎論など，幅広い分野に興味をもつ．著書に，*Mathematics and Its History*（3rd edition, Springer, 2010）〔邦訳：上野健爾，浪川幸彦監訳『数学のあゆみ〈上〉〈下〉』朝倉書店，2005, 2008〕，*Yearning for the Impossible: The Surprising Truths of Mathematics*（A K Peters, Ltd., 2006）〔邦訳：柳谷晃，内田雅克訳『不可能へのあこがれ：数学の驚くべき真実』共立出版，2014〕，*Elements of Mathematics: From Euclid to Gödel*（Princeton University Press, 2016）〔邦訳：三宅克哉訳『初等数学論考』共立出版，2018〕などがある．

監訳者略歴

田中一之（たなか・かずゆき）

東北大学大学院理学研究科数学専攻教授．カリフォルニア大学バークレー校博士課程修了（Ph.D.）．専門は数学基礎論．とくに，逆数学や不完全性定理の研究．著書に『ゲーデルと 20 世紀の論理学』（全 4 巻，東京大学出版会，2006–2007），訳書に『ゲーデルの定理：利用と誤用の不完全ガイド』（みすず書房，2011）など多数．

訳者略歴

川辺治之（かわべ・はるゆき）

日本ユニシス株式会社総合技術研究所上席研究員．東京大学理学部数学科卒．訳書に，『この本の名は？：嘘つきと正直者をめぐる不思議な論理パズル』（日本評論社，2013），『スマリヤン数理論理学講義上・下巻』（日本評論社，2017，2018）など多数．

編集担当　福島崇史（森北出版）
編集責任　上村紗帆（森北出版）
組　　版　三美印刷
印　　刷　　同
製　　本　　同

逆数学 ―定理から公理を「証明」する―　　版権取得 *2017*

2019 年 2 月 12 日　第 1 版第 1 刷発行
2019 年 2 月 25 日　第 1 版第 2 刷発行

監 訳 者　田中一之
訳　　者　川辺治之
発 行 者　森北博巳
発 行 所　**森北出版株式会社**
東京都千代田区富士見 1-4-11（〒102-0071）
電話 03-3265-8341／FAX 03-3264-8709
https://www.morikita.co.jp/
日本書籍出版協会・自然科学書協会　会員
JCOPY ＜（一社）出版者著作権管理機構 委託出版物＞

落丁・乱丁本はお取替えいたします．

Printed in Japan／ISBN978-4-627-05451-6

MEMO